普通高等教育"动画与数字媒体专业"系列教材

数字媒体技术导论

（微课视频版）

李　放　编著

清华大学出版社

北京

内 容 简 介

本书系统全面地介绍数字媒体技术的定义以及相关理论和实践。全书共分 11 章。第 1 章介绍数字媒体技术的定义及其研究领域；第 2～10 章描述数字图像处理、计算机图形学、三维建模技术、数字视频处理、数字音频处理、计算机动画、数字游戏开发、虚拟现实技术、增强现实技术的理论及相关软件的使用方法；第 11 章介绍数字媒体技术的现状与发展。

本书不仅有详细的知识讲解，而且还有实践操作。可作为高等学校计算机应用和数字媒体技术相关专业"数字媒体技术"的课程教材或参考书，也可作为数字媒体技术相关开发人员的参考书。

图书在版编目（CIP）数据

数字媒体技术导论：微课视频版/李放编著. —北京：清华大学出版社，2022.6（2024.9重印）

普通高等教育"动画与数字媒体专业"系列教材

ISBN 978-7-302-60945-2

Ⅰ.①数…　Ⅱ.①李…　Ⅲ.①数字技术－多媒体技术－高等学校－教材　Ⅳ.①TP37

中国版本图书馆 CIP 数据核字（2022）第 088987 号

责任编辑：张　玥
封面设计：常雪影
责任校对：韩天竹
责任印制：杨　艳

出版发行：清华大学出版社
　　　　　网　　　址：https://www.tup.com.cn,https://www.wqxuetang.com
　　　　　地　　　址：北京清华大学学研大厦 A 座　　　　邮　　　编：100084
　　　　　社 总 机：010-83470000　　　　　　　　　　邮　　　购：010-62786544
　　　　　投稿与读者服务：010-62776969，c-service@tup.tsinghua.edu.cn
　　　　　质量反馈：010-62772015，zhiliang@tup.tsinghua.edu.cn
　　　　　课件下载：https://www.tup.com.cn,010-83470236
印 装 者：大厂回族自治县彩虹印刷有限公司
经　　销：全国新华书店
开　　本：185mm×260mm　　　　印　　张：10　　　　字　　数：243 千字
版　　次：2022 年 8 月第 1 版　　　　　　　　　　印　　次：2024 年 9 月第 5 次印刷
定　　价：39.80 元

产品编号：097622-01

前言

　　数字媒体有别于传统媒体，其承载信息的物体由电视、广播、报刊变成了计算机、智能手机等数字化产品，信息的存储形式也由模拟信号、文字、图片转变成了二进制的形式。

　　处理数字媒体信息过程中运用的技术即为数字媒体技术。数字媒体技术主要研究与数字媒体相关的获取、处理、存储、输出等理论、方法与技术。因此，数字媒体技术是包括计算机技术、信息处理技术以及各类信息技术的综合应用型技术。核心技术包括数字图像处理技术、计算机图形学技术、三维建模技术、数字视频处理技术、数字音频处理技术、计算机动画技术、数字游戏开发技术、虚拟现实技术和增强现实技术等。

　　数字媒体技术产业包含：游戏产业，如二维游戏、三维游戏、虚拟现实和增强现实等；动画产业，如动画场景制作、动画动作制作等；影视产业，如电影特效、数字电影等；互联网产业，如数字图书馆、数据库等；数字广播产业，如数字音频、移动多媒体服务等。可以说，数字媒体产业几乎涵盖了市场的主流产业。

　　本书共分11章。第1章主要介绍数字媒体技术的定义及其研究领域；第2～10章分别介绍数字图像处理、计算机图形学、三维建模技术、数字视频处理、数字音频处理、计算机动画、数字游戏开发、虚拟现实技术、增强现实技术的理论及相关软件的使用方法；第11章介绍数字媒体技术的现状与发展。

　　本书的重难点内容均配有教学视频讲解，读者可扫描封底刮刮卡注册，再扫描书中的二维码观看学习。案例代码、教学课件和习题答案等配套资源，读者可登录清华大学出版社网站（www.tup.com.cn）下载。

　　本书是编者多年教学经验的积累，对从事数字媒体技术的专业工作人员具有较好的参考价值。由于时间仓促，书中难免存在不当之处，欢迎广大读者批评指正，以共同进步与提高。

编　者
2022 年 3 月

Contents

第 1 章

数字媒体技术概论

1.1 数字媒体的定义

　　所谓数字媒体,是一种用来存储、管理、处理和制作数字图像、数字视频和数字音频等多种数字内容的媒体。随着信息技术的进步,在处理日常业务的过程中,各行各业都将面对着越来越丰富的数字媒体内容。根据行内分析家的观点,基于信息技术的数字媒体市场在全球范围内的年均增长率将达到 50%。

　　随着信息技术的成熟,数字媒体的应用已经涵盖了各种行业。例如,在医药行业的诊断中,医生通过图像处理技术清晰地展示人体的血液循环系统,如图 1.1 所示;在教育行业中,教师利用多媒体技术进行远程教学,如图 1.2 所示;在零售业市场中,推广人员利用视频处理技术演示网络商品交易,如图 1.3 所示;在金融行业中,金融分析师利用虚拟现实技术进行指数分析等,如图 1.4 所示。

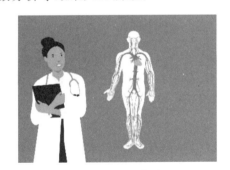

图 1.1　医学图像处理

图 1.2　远程教学

图 1.3　网络商品交易

图 1.4　指数分析

1.1.1　数字媒体的分类

国际电信联盟对数字媒体进行了如下分类。

1. 感觉媒体

指的是能够直接影响人的感觉,使人产生视觉、听觉、嗅觉、味觉以及触觉的媒体,如像、图形、视频、音频等。

2. 显示媒体

指的是在通信中,使数字信号与感觉媒体进行转换的媒体。其中,输入设备包括话筒鼠标、键盘等;输出媒体包括显示器、打印机等。

3. 表示媒体

指的是用来传送感觉媒体的媒体,利用编码技术可以将感觉媒体有效地存储起来,或将感觉媒体由一处传送到另一处。

4. 传输媒体

指的是传输数字内容的物理载体,如电缆、光纤等。在传输过程中,既要保证数字信内容的完整性,也要对其传输的准确度做出一定的评估。

5. 存储媒体

指的是存放数字内容的物理载体,如硬盘、光盘等。在存储过程中,为了保证存储内准确,不易丢失,一般采取加密解密的方式保存和读取。

1.1.2　数字媒体的特点

1. 多样化

数字媒体能够处理文本、图像、视频等多种信息,即为多媒体。多媒体的本质不仅是种媒体的表现,而且是多种媒体之间的循环使用和相互转换。

2. 双向性

在数字内容的传播中,发送方和接收方之间能够进行实时通信交换。这体现在发送根据数字内容的大小或形式随时改变传输方式,接收方的角色也可以随时改变,并且实时输回发送方。传播形式分为点对点和点对面方式,这既可以加大接收方的覆盖范围,实现对多传播,也可以缩小范围,直至进行一对一传播。

3. 艺术与技术相结合

数字媒体是一个将艺术与技术相融合的全新领域。艺术性指的是数字媒体具有图像视频、音频等艺术表现的特点;技术性指的是利用通信技术进行有效传播。艺术与技术相合,不仅拓宽了艺术的表现形式,也创新了技术的传播形式。

1.2　数字媒体技术

数字媒体技术主要研究与数字媒体相关的获取、处理、存储、输出等的理论、方法与术。因此,数字媒体技术是包括计算机技术、信息处理技术以及各类信息技术的综合应用型技术。核心技术包括数字图像处理技术、计算机图形学、三维建模技术、数字视频处理技术、数字音频处理技术、计算机动画技术、数字游戏开发技术、虚拟现实技术以及增强现实技术等。

1.2.1　数字图像处理技术

数字图像处理技术又称为计算机图像处理,指的是将模拟图像通过模数技术转换为数字信号,并对其进行处理的技术。处理方法包括图像去噪、图像增强、图像分割、边缘检索、图像压缩等。进行数字图像处理的典型软件就是 Photoshop,其起始界面如图 1.5 所示。

图 1.5　Photoshop 起始界面

20 世纪中期,由于计算机水平快速发展,出现了最早的数字图像处理技术,人们利用这种技术进行图像和图形的处理以及编辑。早期的图像处理以改善图像质量、提高人的视觉效果为目的,通常是输入原始的、质量差的图像,经过处理后,输出质量较好的图像,常用的方法主要有增强、复原、压缩等。例如,1964 年,美国喷气推进实验室对航天探测器“徘徊者7 号”发回的上千张月球照片使用了几何校正、去除噪声、灰度变换等图像处理技术,并结合太阳和月球的因素和影响,最终由计算机成功绘制出了月球表面地图,引起了广泛关注,获得了巨大成功。随后,他们对探测器发回的数十万张图像进行了又一轮的图像处理,最终获得了月球的彩色图、地形图和全景图,从而为人类登月打下了坚实的基础,也促进了数字图像处理技术这门学科的产生。

1.2.2　计算机图形学

计算机图形学是一门研究利用计算机技术进行生成、处理以及显示图形的技术。图形包括基于线框模型的几何图形和基于表面模型的真实感图形。研究内容包括图形标准、图形交互、曲线造型、非真实感图形等。

计算机图形学诞生于 20 世纪中期,麻省理工学院林肯实验室的 Ivan E.Sutherland 发表了一篇题为“Sketchpad：A Man Machine Graphical Communication System”的博士论文,首次使用了 Computer Graphics(计算机图形学)这个术语,证明了交互计算机图形学是一个可行的、有用的研究领域,从而确定了计算机图形学作为一个崭新的科学分支的独立地位。

如今,计算机图形学被广泛地应用在虚拟环境、多媒体技术、计算机动画等领域。如使用曲线造型技术绘制一个虚拟人物,如图1.6所示。

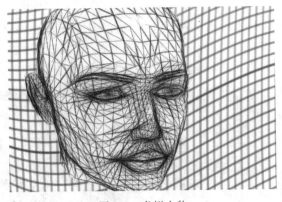

图1.6　虚拟人物

1.2.3　三维建模技术

三维建模技术是利用计算机将现实世界的实体或虚构的物体显示出来的技术。一般来说,三维建模是利用专业建模软件制作的,如3ds Max等,其起始界面如图1.7所示。也可以利用其他方法生成三维模型,如三维扫描技术等。

图1.7　3ds Max的起始界面

三维建模技术的出现最早可以追溯到20世纪中期,人们利用线框和多边形构造出三维实体,称为线框模型。随后,进入20世纪中后期,随着计算机技术的迅猛发展,硬件成本大幅度降低,三维建模技术迎来质的飞跃,由线框模型过渡到更为准确的实体模型。所谓实体模型,指的是全封闭的三维模型。

现在,三维模型已经用于各种不同的领域。医疗行业使用它们制作器官的精确模型;科学领域将它们作为化合物的精确模型;视频游戏产业将它们作为计算机与视频游戏中的资源;电影行业将它们用于活动的人物、物体以及现实电影;工程界将它们用于设计新设备、交通工具以及其他应用领域;建筑业将它们用于虚拟展示建筑物或风景园区;在最近的几十年,地球科学领域开始构建三维地质模型。

1.2.4　数字视频处理技术

数字视频指的是利用人眼视觉暂留的特点连续显示的一组数字图像,其按照时间序列连续展示,从而产生运动的感觉。数字视频处理技术是将视频内容以离散化的信号方式进行数字化处理,所使用的介质、技术以及存储都是数字化的。处理方法包括视频剪辑、视频叠加、视频和声音同步以及添加特效等。常用的软件有 Premiere,其起始界面如图 1.8 所示。

图 1.8　Premiere 起始界面

数字视频处理技术产生于计算机技术的多媒体阶段,大致分为初级、中级和高级这三个历史阶段。

第一阶段是初级阶段,主要特点是在计算机上增加了简单的视频处理功能。该功能展示了一番美好的前景,但是由于计算机还未普及,并且都是面向视频制作等专业领域的,所以可应用的范围较小。

第二阶段是中级阶段。数字视频处理技术得到了广泛应用,并成为主流技术。在这一阶段,计算机可以捕获活动影像,将影像存储到计算机中,并且可以随时播放。这就诞生了视频的不同格式。格式总体可分为两种,一种是以纯软件形式播放;另一种是以硬件辅助形式播放。前者的特点是方便易行,只要有相关软件,即可播放视频。后者的特点是播放速度快,但是硬件花费较高。

第三阶段是高级阶段。在这一阶段,计算机已经普及。各种计算机外设产品日益齐备,数字影像设备层出不穷,视频处理硬件与软件技术高度发达,这些都对数字视频的流行起到了推波助澜的作用。

1.2.5　数字音频处理技术

数字音频是将模拟音频信号转换成有限个数字信号表示的连续序列。它包括音频信号的数字化和音频压缩技术,这一处理过程包括音频信号的采样、量化以及编码。采样指的是在时间上将连续信号离散化的过程,一般按照均匀时间间隔进行。量化是指将每个采样值在幅度上进行离散化处理,一般来说量化会引起声音失真,即为音频噪声。编码指的是利用二进制来表示每个采样的量化值,并且进行算法处理。

数字音频最早出现于20世纪初,法国工程师AlecReeves发明了将连续的模拟信号变换成时间和幅度都离散的二进制码代表的脉冲编码调制(PCM)信号,并申请了专利。后来,美国贝尔实验室为美国电话电报公司制成了国际上第一套商用PCM电话系统,这标志了通信音频开始步入数字化。以后的计算机发展更促进了通信音频的数字化,并逐步与视频相结合。数字信号的优势是显而易见的,但也有其自身的缺点,即存储容量需求的增加及传输时信道容量要求的增加。以CD为例,其采样频率为44.1kHz,量化精度为16b,则1分钟的双声道信号需占用约10MB的存储容量。当然,在频宽高得多的数字视频领域,这一问题就显得更加突出。是不是所有容量都是必需的呢? 研究发现,直接采用PCM码流进行存储和传输,存在非常大的冗余度。事实上,在无损条件下,对声音至少可进行4:1的压缩,即只用25%的数字量保留所有的信息,而在视频领域的压缩比甚至可以达到几百倍。因而,为利用有限的资源,压缩技术从一出现便受到广泛的重视。

对语音信号的研究发展较早,也较为成熟,并已得到广泛应用,如自适应差分PCM(ADPCM)、线性预测编码等技术。常用的软件有Adobe Audition,其起始界面如图1.9所示。

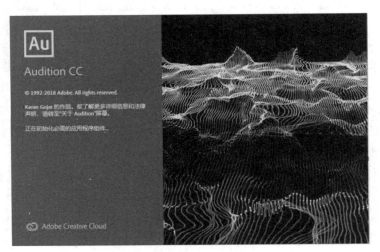

图1.9　Adobe Audition起始界面

1.2.6　计算机动画技术

计算机动画技术是指利用计算机技术,使静止的图形或图像产生运动效果的技术。可以采用编程方法或专业动画制作软件,将当前帧作为前一帧的部分进行修改,从而产生物体运动的效果。常用的软件有Flash等,起始界面如图1.10所示。

计算机动画分为二维动画和三维动画。二维动画即为平面动画,三维动画是指画中的

图 1.10 Flash 起始界面

景物具有正面、反面和侧面,通过调整视角能够看到景物全貌的动画。

计算机动画技术的发展分为 3 个阶段。

第一阶段是二维动画技术的主导发展阶段。这一阶段主要指 20 世纪中期,美国的贝尔实验室和某些研究机构开始使用计算机从事动画片制作及上色工作。这些早期的计算机动画基本都是二维辅助动画,即二维动画。随后,贝尔实验室开发出了一个名为 BEFLIX 的计算机动画语言,它在计算机动画历史上具有里程碑意义。与此同时,欧洲等其他国家也制作出了相关软件,因此这一时期的研究主要集中在美国、加拿大、日本和欧洲。

第二阶段是三维动画技术的高速发展阶段。这一阶段主要是指 20 世纪后期,计算机技术的软件和硬件都有了长足进步,计算机动画也日趋成熟。与此同时,人们开始研究三维动画制作软件。三维动画并不是简单的外部输入,而是根据空间坐标产生的三维数据,在计算机内部生成。

第三阶段是三维动画技术的全盛发展时期。这一阶段主要是指 20 世纪末至今,这是三维动画制作软件向实用性的更高层次发展的阶段。在这几十年里,三维动画制作软件的技术有了翻天覆地的变化,向着人工智能的方向不断前进。

如今,计算机动画的应用十分广泛,它不仅可以让应用程序更加生动,增添多媒体的感官效果,还应用于游戏的开发、电视动画制作、吸引人的广告创作、电影特技制作、生产过程及科研的模拟等。

1.2.7 数字游戏开发技术

数字游戏是指人们通过计算机、游戏机或手机等电子设备进行的一种娱乐活动。数字游戏开发技术就是通过专业游戏制作软件设计、开发游戏的技术。一般来说,游戏开发语言包括 C、C++、Java 等;游戏编程接口包括 Direct X、OpenGL 等;游戏开发引擎包括 Cocos2d-x、Unity 3D 以及 Unreal 等。Unity 3D 的起始界面如图 1.11 所示。

数字游戏自面世以来,经历了半个多世纪的发展。最初的游戏载体是其时刚面世不到

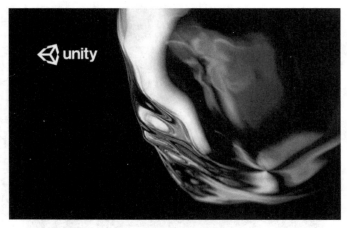

图 1.11　Unity 3D 起始界面

10 年的真空管计算机，而现在的游戏却装载在游戏主机、电视、计算机、手机等多种平台上。其中"任天堂"这个公司名字在游戏的发展过程中是功不可没的，它通过数字游戏创造了历史上的辉煌成就。自首款游戏《大金刚》诞生以来，《超级玛丽》《坦克大战》《魂斗罗》等无数任天堂游戏伴随着好几代人的成长，也造就了日本动漫游戏产业在 20 世纪统治世界电子游戏领域的绝对地位。后来，随着英特尔公司推出第五代架构的奔腾芯片处理器，高性能的处理器为个人计算机游戏提供了载体，此后数字游戏开始大量出现。而如今，随着高端智能手机的发展，手机数字游戏开始占据主流游戏市场，也为广大手游开发者提供无限的可能与机会。

1.2.8　虚拟现实技术

虚拟现实是利用计算机模拟产生一个三维空间的虚拟世界，提供给使用者关于视觉、听觉、触觉等感官的模拟，让使用者如同身历其境一般，可以及时、没有限制地观察三维空间内的事物。

虚拟现实技术的演变发展史大体可以分为 4 个阶段。

第一阶段是虚拟现实技术的产生阶段。即为一种模拟交互技术，指的是对生物在自然环境中的感官和动作等行为做出的一种反应，因此可以说其与仿真技术的发展是息息相关的。

第二阶段是虚拟现实技术的开始阶段。在这一阶段，美国计算机图形学之父伊凡·苏泽兰开发了第一台计算机图形驱动的头盔显示器 HMD 及头部位置跟踪系统，是虚拟现实技术发展史上一个重要的里程碑。此阶段也是虚拟现实技术的探索阶段，为形成虚拟现实技术的基本思想和理论奠定了一定基础。

第三阶段是虚拟现实技术相关理论的产生阶段。这一阶段出现了 VIDEOPLACE 与 VIEW 两个比较典型的虚拟现实系统。VIDEOPLACE 系统是迈伦·克鲁格设计的，其通过设计一个虚拟图形环境，使参与者的图像投影能实时地响应其活动和动作。VIEW 系统是麦格里维领导完成的,其在装备了数据手套和头部跟踪器后,通过语言、手势等交互方式形成一套虚拟现实系统。

第四阶段是虚拟现实技术理论的应用阶段。在这一阶段,虚拟现实技术从研究型阶段转向应用型阶段,广泛应用在医学、航空、军事、科研等各个领域中。如元宇宙就是人们通过虚拟现实技术将彼此链接,并投射到虚拟世界中去。其概念图如图 1.12 所示。

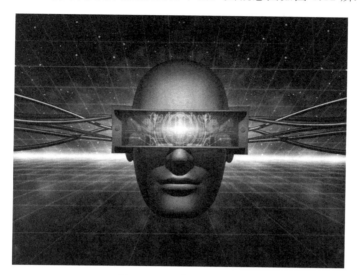

图 1.12 元宇宙概念图

1.2.9 增强现实技术

增强现实是在虚拟现实的基础上发展起来的新技术,指的是除了显示虚拟环境之外,还显示真实世界中的事物,将虚拟环境与真实世界结合在一起,从而在真实世界中显示虚拟信息,通过三维技术将图形或文字等信息叠加到真实世界中,起到增强真实感的作用。

增强现实技术的发展可以大致分为两个阶段。

第一阶段是增强现实技术的概念阶段。增强现实技术起源于 20 世纪中期,从虚拟现实中发展出来,当时计算机和图形显示设备性能还比较低,没有显著的发展。

第二阶段是增强现实技术的发展阶段。20 世纪末至今,随着相关软硬件的发展,特别是图形加速设备和显示设备性能的提高,增强现实技术有了较快的发展,相关的国际研讨会日益增多,知名的会议有国际增强现实研讨会、国际增强现实工作会议、国际混合增强现实会议等等。

与此同时,许多研究机构和公司致力于增强现实关键技术的研究和应用产品的开发。国外研究增强现实技术的单位包括美国微软公司、德国西门子公司、美国哥伦比亚大学、麻省理工学院、罗切斯特大学、北卡罗来纳大学、华盛顿大学的 HitLab 实验室、新西兰的 HitLabNZ 实验室、加拿大多伦多大学、新加坡国立大学的 ARLab 实验室等。国内研究增强现实技术的单位包括浙江大学、北京理工大学、华中科技大学等。相关的技术应用也很广,例如,在医疗领域,医生扫描人体内脏模型,使用增强现实技术将内脏的相关信息显示在手机等电子设备上,并通过显示序号来提示操作步骤,完善操作细节,进而达到快速培养疗人才的目的,其操作过程如图 1.13 所示。

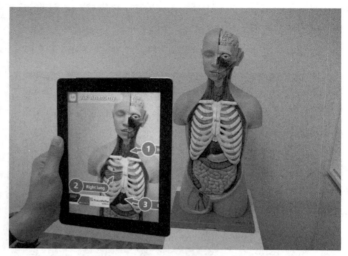

图 1.13　增强现实扫描操作图

课后习题

1. 填空题
（1）数字媒体,是一种用来_____、_____、_____和_____数字图像、数字频和数字音频等多种数字内容的媒体。

（2）国际电信联盟对数字媒体进行如下分类:_____、_____、_____、_____、_____。

（3）数字媒体的特点包括_____、_____、_____。

2. 简答题
（1）数字图像处理技术的定义以及其处理方法包括什么?

（2）计算机图形学的定义以及其研究内容包括什么?

（3）数字视频处理技术的定义以及其处理方法包括什么?

（4）数字音频处理技术的定义以及其处理过程是什么?

（5）虚拟现实技术演变发展史的 4 个阶段分别是什么?

（6）增强现实技术发展的两个阶段分别是什么?

3. 设计题
结合教材内容以及网络调研、参考文献等,撰写一篇有关数字媒体技术现状以及发展调研报告,可以针对某一项技术,也可以宏观概括。字数为 800～1000 字。

参考文献

[1]　刘清堂.数字媒体技术导论[M].2 版.北京：清华大学出版社,2016.

[2]　阮秋琦.数字图像处理学[M].北京：电子工业出版社,2013.

[3]　孔令德.计算机图形学[M].北京：清华大学出版社,2014.

[4]　徐国艳.三维建模技术[M].2 版.大连：大连理工大学出版社,2020.

[5]　郭诗辉.增强现实技术与应用[M].北京：清华大学出版社,2021.

第 2 章

数字图像处理

2.1 数字图像的定义

2.1.1 数字图像的基本概念

随着数字技术的持续发展与应用,生活中的许多信息都可以采用数字形式的数据来理和存储。数字图像就是以这种数字形式处理和存储的图像,通过数值像素点将图像模出来,像素点的数值分别代表该图像点的颜色、亮度、对比度等信息。这种数字化模拟方不仅可以利用计算机算法总结图像规律、模拟图像类别,还可以通过数据压缩等方式加快像的传输速率,扩大数字图像的传播范围。数字图像的应用有婚纱摄影(图 2.1)、贺卡制(图 2.2)、图像型文案(图 2.3)、创意广告(图 2.4)等。

图 2.1　婚纱摄影

图 2.2　贺卡制作

图 2.3　图像型文案

图 2.4　创意广告

2.1.2 数字图像的基本类别

根据计算机绘图的方式不同,数字图像可以分为以下两种类别。

1. 位图

位图是大多数数字图像的显示方式,由许多个像素点组成,每一个像素点都包含颜色、亮度、对比度等信息。早期的位图图像受到硬件条件的限制,经常出现马赛克效应。因为一张位图图像的初始分辨率是固定的,比如 800×600 像素,表示这张图是由 800 个像素点× 600 个像素点组成的。放大该图时,相当于放大了像素点,但是像素点的数量没有增加,因此它们就会以一个个方块的形式显示出来,也就形成了马赛克效应,这是由像素点的特征所决定的。也正是因为位图是由像素点组成的,而像素点包含了丰富的颜色等信息,所以随着拍摄设备以及显示设备的性能提升,每一张位图图像的像素点个数越来越多,颜色信息也越来越丰富,显示现实世界的景观也就越来越逼真。此外,位图图像在图像传输、图像去噪、图像保存等方面也具有一定的优势。常用的位图格式包括 bmp、jpg、gif、psd 等。

2. 矢量图

矢量图是由专门的软件制作出来的,其根据数学公式(如直线、圆等)进行图像的设计和制作,也就是说,每一张矢量图都是由直线或曲线等组成的。正是因为矢量图的这个特点,所以其占的内存空间比较小,可以随意修改、替换甚至放大、缩小该图,而不用担心影响图像质量。工业上的印刷一般都是使用矢量图。但是也因为矢量图没有像素点的概念,所以存储颜色等的信息相对比较少,无法生成一些多颜色的逼真图像。常用的矢量图格式包括bw、ai、dwg 等。

根据图像特征的不同,数字图像可以分为以下 3 种类型。

1. 二值图像

前面提到的位图图像是由像素点组成的,每一个像素点都包含了如颜色等信息。当像素点只包含灰度信息,并且该灰度信息的值只能是 0 和 255 时,该图像就是二值图像。从二值图像的定义可以看到,图像由黑色和白色组成,没有其他颜色,因此在存储、传输方面具有很强的应用性,被广泛应用在签名、打印等方面。其缺点就是颜色信息的缺失,无法展示纹理丰富的细节。

2. 灰度图像

灰度即为亮度,指的是将图像的颜色信息转换为图像的亮度信息,其范围是 $[0, 255]$,因此一张灰度图像具有 256 阶量级。最黑部分的灰度值是 0,最亮部分的灰度值是 255,中间是亮度的过渡值。由此可见,二值图像就是灰度图像的一种特殊形式。灰度图像在日常生活中的应用十分广泛,医学图像、遥感图像等都是灰度图像。数字图像处理的科学研究也是以灰度图像为主,这是因为灰度图像的优势是可以显示纹理丰富的细节信息,存储空间较小,处理比较迅速。

3. RGB 彩色图像

R、G、B 分别代表红色、绿色、蓝色,这是数字图像的三原色,通过这三种颜色的任意组合就可以模拟出真实世界的绝大多数颜色。R、G、B 每一个颜色值的范围都是[0,255],因此一共可以得到 $256 \times 256 \times 256 = 16777216$ 种颜色。存储的时候,每一个像素点需要一个数组存储,分别代表 R、G、B 的值,因此也就使得彩色图像颜色越丰富、信息值越大,所占的存储空间也就越大。随着硬件设备的日益强大,图像颜色信息的层次感越来越强,彩色图像的处理也就越来越受到关注。例如,在网络传输中,如何将一张颜色丰富的图像不失真地显示出来? 这就需要解决两方面的问题,一个是图像压缩问题,通过计算机算法将图像像素点的颜色信息进行归纳总结,找出一般规律,然后进行数学模型的模拟,进而达到压缩的目的;一个是图像显示问题,将解压缩的图像通过公式转换正确,显示在显示器上,尽最大可能保留主要颜色信息,还要进行图像去噪的操作。类似这样的数字图像处理研究还有很多。

2.1.3 数字图像的色彩模式

由上面的分析可以知道,对于一张数字图像来说,颜色的信息非常重要。只有颜色信息足够准确和丰富,人们才会对该张图像感兴趣,也可以通过该张图像进行内容的显示和处理,找到其中的细节信息。颜色的模式及定义如表 2.1 所示。

表 2.1　颜色的模式及定义

颜 色 模 式	定　　义
RGB 颜色模式	RGB 颜色模式是计算机中的三原色,分别代表 R(红色)、G(绿色)和 B(蓝色),其核心理念是通过对红、绿、蓝三个颜色通道的变化以及它们相互之间的叠加来得到各式各样的颜色。R、G、B 三种颜色能够组合成 1670 多万种颜色,这几乎囊括了人类视力所能感知的所有颜色,因此 RGB 颜色模式是目前运用最广的颜色系统之一。RGB 颜色模式依据的是一种典型的加法原理,即通过三原色的叠加产生新的颜色
CMYK 颜色模式	CMYK 分别代表 C(青色)、M(洋红色)、Y(黄色)、K(黑色)。该颜色模式是彩色印刷采用的一种颜色模式,由 4 种颜色组成,也可以认为是四通道图像。值得注意的是,用 CMYK 颜色模式显示颜色依据的是一种减法原理,即油墨不发光,却吸收反射外来光线
Lab 颜色模式	Lab 分别代表 L(亮度)、a(绿色到红色)、b(蓝色到黄色)。该颜色模式不仅考虑到类似 RGB 的颜色叠加原理,还额外加入了代表亮度的信息,从理论上来说,这种颜色模式囊括了几乎所有的颜色信息和组合
HSB 颜色模式	HSB 分别代表 H(色泽)、S(饱和度)、B(亮度)。该颜色模式是一种人眼识别颜色的过程,即人眼看到一张图像的时候,首先识别的是图像的色彩,也就是色泽,然后是图像的饱和度和亮度。这种识别方法被广泛应用在数字图像处理中,如 Photoshop 软件中的颜色拾取

2.1.4 数字图像的存储格式

数字图像的颜色模式还有很多,如索引颜色模式、多通道颜色模式等。随着数字图像处理技术的日益精进,还会出现越来越多的颜色显示模式,以展示颜色丰富多彩的现实世界。而对于一张数字图像来说,存储格式也非常重要,不同的格式有不同的优势和劣势。常见的图像存储格式如表 2.2 所示。

表 2.2 常见的图像存储格式

格 式	定 义	优 点	缺 点	应 用
JPEG(＊.jpg)	是最常用的图像格式之一	存储空间小,压缩技术先进,具有调节图像质量的功能,传输速度快	压缩过程中会产生失真效应,降低图像质量	广泛应用在网络中。当网络速度变慢时,可以采取逐步传输的方式,使得图像逐渐清晰
PNG(＊.png)	便携式网络图形,可以提供透明通道	支持无损压缩以及 Alpha 透明通道,提供 24、48 位真彩色图像支持	不支持较旧的程序和系统,压缩率比较低	多用于 Logo 的设计及网络图标的制作
GIF(＊.gif)	是 CompuServe 提供的图像格式	基于 LZW 算法的无损压缩格式,支持大多数的显示软件,支持 256 种色彩,可以播放简单动画,解码较快	颜色种类比较少,不支持 Alpha 透明通道	被广泛应用在微博、微信公众号等网络媒体上
PDF(＊.pdf)	Adobe 公司开发的一种可携带文档格式	与操作系统无关,可以支持几乎所有的系统,易于传输和存储,将文字、字形、格式、颜色及独立于设备和分辨率的图形、图像等封装在一个文件中	修改不方便,高保真地转换成其他格式比较困难	可在 Windows、MAC OS、UNIX 和 DOS 等多平台系统打开,经常跨平台使用
PSD(*.psd)	Adobe Photoshop 软件自带的一种图像格式	具有层级的概念,方便修改	占据的存储空间较大,无法用其他软件打开,通用性比较差	主要应用在 Photoshop 软件中
BMP(*.bmp)	是一种 Windows 标准的位图图像文件格式	与硬件设备无关,使用广泛,几乎无失真,支持 1～24 位颜色深度,与较旧的 Windows 版本兼容	不压缩,占据的存储空间大	多用于 Windows 系统中
BW(＊.bw)	Black and White SGI Image 格式,用于保存黑白图像	SGI 工作站上的本机格式,可以是未压缩长度的编码	需要特定软件打开	可用于网络浏览器页面上
AI(＊.ai)	Adobe Illustrator 的图形格式	可以包含矢量内容和点阵图内容,普通的制图软件和三维软件都可以打开	存储空间较大	主要应用于平面设计和工业设计方面
DWG(*.dwg)	是 AutoCAD 的图形格式	包含多种不同类型的信息,如图像、几何图形、BIM 数据、点云数据等	只支持 CAD 相关软件	广泛应用在工业设计方面

2.2 数字图像处理技术简介

2.2.1 数字图像处理技术发展史

数字图像处理技术发展至今，已经取得了较好的成绩。通过与一些数学模型结合，如偏微分方程、小波变换理论、傅里叶变换方法等，该项技术获得了较好的发展成果。随着该项技术的发展，普通用户也享受到其带来的乐趣，如美颜功能、去噪功能、瘦脸功能等等。

回顾数字图像处理技术的发展历史，最早要追溯到 20 世纪初。随着报纸发行量的增大，人们对于报纸上图像的要求也越来越高。报纸上的图像不仅要清晰，显示准确，还要带给人们一种视觉享受。这就决定了图像技术的发展是不可避免的。例如，一张报纸上的图像，如果从英国伦敦输送到美国华盛顿，用邮递的方式需要几天甚至十几天。但是如果借助数字图像处理技术和网络技术，就会极大地缩短传送时间，可能只需要几个小时就足够了。这些技术随着计算机的诞生而快速发展。

随着计算机快速处理技术的发展，数字图像不仅被应用在太空空间开发，也被广泛应用在医学、遥感学等其他方面。小波变换理论、傅里叶变换方法的出现，使图像分解和重构变成了可能。到了 21 世纪，偏微分方程、分数阶等数学模型也加入数字图像处理技术中来，取得了较好的成绩。如今，数字图像处理技术被广泛应用在遗传算法、神经网络、人工智能等热门领域，该技术的发展朝着快速、智能化方向大步迈进。

2.2.2 数字图像处理技术的特点

数字图像处理技术能够不断地发展，也是有其专属的特点，其内容如下。

1. 再现性强

在存储的过程中，数字图像采用数字化存储方式，也就是二进制数，因此不存在破损等情况。只要存储的文件不丢失，存储的格式正确，就可以完整地再现图像。

2. 压缩率高

数字图像的每一个像素点之间都存在着某种联系，如颜色信息的推断、位置信息的比对等等，因此压缩图像的时候，可以将部分像素点赋值为零，用来节省存储空间，而在解压缩的时候，利用数学模型或者规律还原这部分像素点，以达到完整再现的目的。

3. 通用性强

对于计算机来说，数字图像存储的形式都是数字，而像素点本身就是数组，也就是数字，因此在进行图像处理的过程中，只要找到了数组之间的关系以及对应的算法模型，就可以被应用在所有的图像中，这就是图像的通用性。

4. 精度性高

从理论上来说，只要硬件设备足够好，不管多高分辨率的图像都可以被识别和处理。高分辨率，也就意味着像素点的个数比较多，颜色信息也比较丰富，显示出来的图像效果也更加真实，这也就是图像的精度性。

2.2.3　数字图像处理技术的应用

随着科技的不断进步,数字图像处理与计算机、多媒体等技术的发展有着紧密联系。近年来,图像处理的目的不仅仅是给人一种视觉上的享受,还进一步发展了与计算机视觉有关的应用,如指纹解锁、面部识别等应用。下面介绍数字图像处理技术的应用领域。

1. 多媒体显示系统领域

视频制作等多媒体显示系统广泛使用图像处理技术,包括合成、变换等技术。例如,在手机端打开应用,同时在电脑端显示该应用处理的图片,并播放音频文件。多媒体显示系统如图 2.5 所示。

图 2.5　数字图像多媒体显示系统

2. 商务领域

当今电子商务发展迅速,各种网络店铺装修需要对图像进行处理,制作出适合自己店铺的图片素材,这种过程也可以称作店铺装修,如图 2.6 所示。当然,店铺装修还需要网站方面的知识,这里就不介绍了。

图 2.6　数字图像店铺装修

3. 广告领域

手机广告、公益广告的宣传海报通常被贴在公交站、火车站等人多的公共场合。有一些用照相机拍不出来的图像,它们是经过数字图像处理技术处理过的图像。例如,在广告海报中,将人物和虚拟背景融合在一起,以达到突出人物的目的,如图2.7所示。

图 2.7　数字图像广告

4. 航空航天领域

数字图像处理技术发展之初,就是在航空航天领域中使用的。科学家使用卫星设备拍摄太空星体,并将拍照图像传送回工作站。在传输过程中,不可避免地会出现噪点和信息丢失的情况,因此完整保存图像就尤为重要。一张从空间站拍摄的数字地球图片如图2.8所示。

5. 生物医学工程领域

随着医疗技术的进步,人们通过CT、核磁共振等技术可以很清楚地看到身体内部的问题。成像之后的效果就是数字图像处理技术的结果。当医生需要放大或旋转某一处病灶时,保证放大后的结果准确性就很关键,同时避免"叠加"效应的出现也很重要。如一张头部CT图如图2.9所示。

图 2.8　数字图像地球

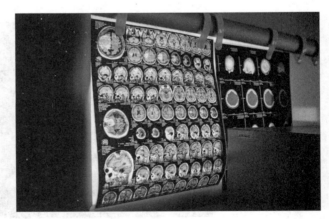

图 2.9　数字图像CT图

6. 公共安全领域

如今,人们对于自身安全越来越重视。人脸识别技术、指纹识别技术等的精度越来越高，这就对人们生命财产安全的保护提出了更高要求。如何在正确创建身份信息识别的前提下尽最大可能保护自身隐私，是人们面对的重大问题。如图 2.10 所示为数字图像指纹识别技术。

图 2.10　数字图像指纹识别

7. 文化艺术领域

该领域的发展日新月异，美颜、瘦脸等技术也越来越被普通用户熟知。文化艺术领域经常会用到数字图像处理技术，如去噪、增强、调色等。如模特的美发宣传图如图 2.11 所示。

图 2.11　数字图像模特美发宣传图

2.3　Photoshop 2020 软件介绍及实例

2.3.1　Photoshop 2020 软件介绍

Photoshop 2020 是由 Adobe 公司开发的一款功能强大的图像处理软件。一开始它只能做一些简单的类似调整颜色的工作，但是随着公司的扩大以及相关技术的进步，该软件已经成为应用广泛的现象级产品。

Photoshop 2020 主要用来处理以像素为单位的数字图像。使用其众多的编修与绘图工具可以有效地进行图片编辑工作。Photoshop 2020 有很多功能，如去噪、增强、二值化等，其在图像、图形、文字、视频、出版等各方面都有应用。

　　Photoshop 2020 支持 Windows 操作系统、Android 系统与 Mac OS，Linux 操作系统的用户可以通过 Wine 来运行 Photoshop 2020。

2.3.2　Photoshop 2020 工作界面

　　Photoshop 2020 的工作界面包含菜单栏、工具选项栏、标题栏、工具栏、文档窗口、状态栏、属性栏和面板组等组件，如图 2.12 所示。

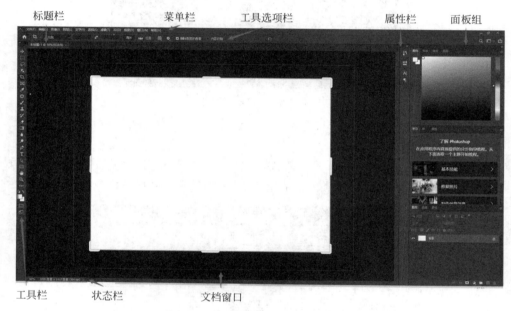

图 2.12　Photoshop 2020 工作界面

1. 菜单栏

菜单栏包含了所有的操作命令，包括文件的新建与打开、保存、导出；图像的复制粘贴、颜色变形；改变图像大小、旋转；创建图层、修改图层；创建文字、修改文字；取消操作、重新操作；去噪滤镜；新建 3D 模型、导入全景图；视图的放大缩小；工作区的排列组合；帮助教程等。

2. 工具选项栏

根据工具的不同工具选项栏显示不同的选项内容。如选择矩形工具的时候，该选项栏会呈现形状、填充、描边、像素值以及排列等内容。选择矩形选框工具的时候，该选项栏会呈现选区操作、羽化效果、样式选择等内容。选择不同工具时的工具选项栏对比如图 2.13 所示。

3. 标题栏

标题栏显示文档的相关信息，如名字、显示百分比等。当文件中出现多个图层时，还会显示当前操作的图层名字。

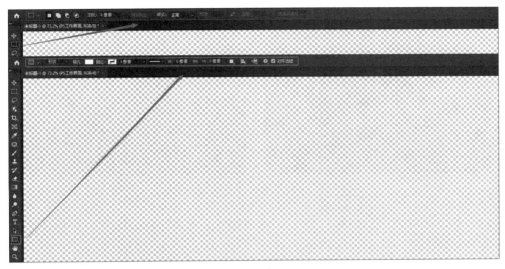

图 2.13 工具选项栏对比

4. 工具栏

在工具栏中可以选择不同的图像处理工具。用户可以根据自身需要进行选择、绘画、编辑、移动、套取等操作。例如,选择"移动工具 ✛",可以移动选取的素材,包括图像和文字。有一些工具需要展开才能看到,如"画板工具",其隐藏在"移动工具"的下面,只有右击工具栏中的"移动工具","画板工具"才能显示出来。画板工具如图 2.14 所示。

5. 文档窗口

文档窗口是显示和编辑图像的窗口。在该窗口中,每一张图像都是在一个层级上操作,层级就类似现实世界的画板,只有在画板上面操作才会对图像产生实际的意义。

图 2.14 画板工具

6. 状态栏

状态栏显示文档的相关信息,如宽度、高度、通道、分辨率等;还可以修改当前文档显示窗口的大小。

7. 属性栏

属性栏可以显示文档的历史记录、属性变换、对齐方式、字符大小、段落排列等。

8. 面板组

面板组包含多种可以折叠、移动和任何组合的功能面板,方便用户操作。在默认的情况下会显示某些面板,同时折叠某些面板,其中包含特定于面板的命令选项。用户可以对面板进行编组、折叠、堆叠或停放等。同时,显示当前文件的图层信息,包括显示、隐藏等;图像的颜色通道,包括 RGB 信息等。

2.3.3 实例教程

本案例是为了展示 Photoshop 2020 的颜色调节功能,通过修改原图像的颜色信息、对比度等达到增强图像观赏性的目的。效果对比如图 2.15 所示。

图 2.15　原图与处理图的效果对比

打开 Photoshop 2020,新建一个项目或者直接打开图像 hiking.jpg。双击面板组下方的背景,使其变成图层 1,如图 2.16 所示。

图 2.16　将背景图转成图层

依次选择菜单栏→窗口→调整命令,打开调整面板,如图 2.17 所示。

图 2.17　调整面板

在调整面板中单击可选颜色按钮▨,打开参数设置对话框,调整颜色数值,如图 2.18 所示。图层面板中出现"选取颜色 1"图层,如图 2.19 所示。

在调整面板中再次单击可选颜色按钮▨,打开参数设置对话框,调整颜色数值,如图 2.20 所示。图层面板中出现"选取颜色 2"图层,如图 2.21 所示。

图 2.18 "选取颜色 1"参数面板　　图 2.19 "选取颜色 1"图层　　图 2.20 "选取颜色 2"参数面板

在调整面板中单击亮度/对比度按钮 ☀️,打开参数设置对话框,调整亮度/对比度数值,如图 2.22 所示。图层面板中出现选取"亮度/对比度 1"图层,如图 2.23 所示。

图 2.21 "选取颜色 2"图层　　图 2.22 "亮度/对比度 1"参数面板　　图 2.23 "亮度/对比度 1"图层

选择图层面板中的选取颜色 2,然后在调整面板中单击色彩平衡按钮 ⚖️,打开参数设置对话框,分别调整阴影、中间调、高光数值,如图 2.24 所示。图层面板中出现选取"色彩平衡 1"图层,如图 2.25 所示。

单击图层面板下方的新建图层按钮 ➕,新建一个图层,命名为图层 2。设置该图层 2 的前景色为浅黄色(#f8e0cc),单击工具栏中的渐变工具,如图 2.26 所示。在工具选项栏中依次选择渐变模式为基础→前景色到透明,如图 2.27 所示。设置成功后,拖动图像的左、右方向中间滑动,如图 2.28 所示。

图 2.24　色彩平衡(阴影、中间调、高光)参数面板

图 2.25　"色彩平衡 1"图层

图 2.26　渐变工具

图 2.27　设置渐变效果

图 2.28　分别从图像的左、右方向向中间滑动

完成以上步骤后,选择合并图层,设置混合模式为"叠加",不透明度为 50%,如图 2.29 所示。

图 2.29　设置混合模式为"叠加"

课后习题

1. 填空题

(1) 根据计算机绘图的方式不同,数字图像可以分为_____和_____两种类别。

(2) 位图的图像格式有_____、_____、_____、_____等。

(3) 矢量图的图像格式有_____、_____、_____等。

(4) 根据图像特征的不同,数字图像可以分为_____、_____和_____三种类型。

2. 简答题

(1) 位图的定义是什么?

(2) 矢量图的定义是什么?

(3) 数字图像处理技术的特点包括什么?

(4) Photoshop 2020 的工作界面包括什么?

3. 实践题

根据所学知识,结合 Photoshop 2020,制作一张广告海报。

参考文献

1] 詹劼.数字图像的色彩模式研究[J].湖南城市学院学报(自然科学版),2015,24(4):114-115.

2] 李俊山.数字图像处理[M].4 版.北京:清华大学出版社,2021.

3] 许放.Photoshop 2020 从新手到高手[M].北京:清华大学出版社,2021.

4] 宋秋萍.浅析数字图像处理技术特点及其应用[J].城市建设理论研究(电子版),2011(14):1-6.

第 3 章

计算机图形学

3.1 计算机图形学概述

3.1.1 计算机图形学相关概念

1. 计算机图形定义

CG(Computer Graphics)是计算机图形的缩写。计算机图形学是随着计算机的发展、特别是图形显示器的发展而产生和发展起来的,它是计算机技术、电视技术、图形图像处理技术相互结合的结果。它既包括技术也包括艺术,几乎囊括了当今计算机时代中所有的视觉艺术创作活动,如三维动画、影视特效、平面设计、网页设计、多媒体技术、印前设计、建筑设计、工业造型设计等创作图,如图3.1所示。现在,CG的概念正在扩大,由CG和虚拟现实技术制作的媒体文化都可以归于CG的范畴。人们使用计算机或手机处理日常事务时,首先看到的便是图形化的人机交互界面,这便是计算机带给人们最直接的感受,社会需求反过来又推动了计算机图形学的快速发展。截至目前,它已经形成一个可观的经济产业。

图 3.1 CG 创作图

计算机图形学是一门研究如何运用计算机表示、生成、处理和显示图形的学科。其研究内容非常广泛,如图形硬件、图形标准、图形交互技术、光栅图形生成算法、曲线曲面造型、实体造型、真实感图形计算与显示算法、非真实感绘制、计算机动画、自然景物仿真等。图形主要分为以下两类:①基于线框模型描述的几何图形,主要特点是一种基于三角形网格表示的线框图形。②基于表面模型描述的真实感图形。绘制真实感的图形需要通过建模软件建立场景的几何模型,再利用一些适合的光照模型来计算场景在虚拟的光源、纹理、材质属性下的光照效果。

图形的表示方法一直都是计算机图形学关注的主要问题。其表示方法通常分为参数法和点阵法两种。参数法是在设计阶段建立几何模型时需要用形状参数和属性参数来描述图形的一种方法,这里的形状参数可以是直线段的起点、终点等几何参数。属性参数又包括对应的直线段的颜色、明暗等非几何参数。点阵法是在绘制阶段就用具有颜色信息的像素点阵来表示图形的一种方法。总体来说,对计算机图形学的学习就是将图形的表示方法从参数法转换到点阵法的一个过程。

2. 计算机图形学发展史

20世纪中期,第一台图形显示器诞生了,该显示器由美国麻省理工学院研制而成,作为旋风Ⅰ号计算机(图3.2)的附件,其功能是用来显示简单的图形,并不具备交互功能。后来,美国卡尔康公司在原来联机的数字记录仪基础上将其改进为滚筒式绘图仪。格伯公司将原来的数控机床改进为平板式绘图仪。纵观20世纪中期,计算机图形学发展的主要特点是受到计算机设备的限制比较大,机器语言的编程主要用于科学计算,因此相关图形设备仅仅具有输出功能,计算机图形学处于准备和酝酿时期。后来,美国麻省理工学院的林肯实验室在"旋风"计算机上开发了空中防御体系,第一次使用了具有指挥和控制功能的阴极射线管的显示器,操作者可以用笔在屏幕上指出被确定的目标。它预示着交互式计算机图形学的正式诞生。

20世纪中后期,美国麻省理工学院的史蒂夫教授提出了一种新的理论,即通过插值四条任意的边界曲线来构造曲面。同时,法国雷诺汽车公司的工程师贝塞尔发展了贝塞尔曲线(图3.3),以及贝塞尔曲面的理论(贝塞尔曲线也是一直延续到现在非常重要的知识点),并将其成功地用于几何外形设计,与此同时开发了UNISURF系统,用于汽车外形设计。

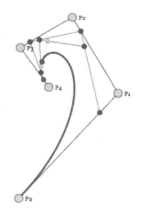

图3.2　旋风Ⅰ号　　　　　　　图3.3　贝塞尔曲线图

之后,计算机图形学的发展步入到了一个重要的历史时期。由于光栅显示器的产生,光栅图形学算法迅速发展起来。类似裁剪、消隐、区域填充等的基本图形学概念及其算法纷纷诞生,计算机图形学开始进入到第一个兴盛的时期。布克奈特提出了第一个光反射模型。高洛德提出"漫反射模型+插值"的思想,被称为高洛德明暗处理。这些模型的提出可以算是真实感图形学最早的开创性工作。后续相继出现了英国剑桥大学CAD小组的Build系统、美国罗切斯特大学的PADL-1系统等实体造型系统。这两个重要的进展是真实感图形和实体造型技术产生的关键。

随后,怀特提出了一个怀特模型,也就是光透视模型,并给出了光线跟踪算法的范例,实现怀特模型。美国康奈尔大学和日本广岛大学的学者分别将热辐射工程中的辐射度方法引入到计算机图形学中,用辐射度方法成功模拟了理想漫反射表面间的多重漫反射效果。光线跟踪算法和辐射度算法的提出标志着真实感图形的显示算法已逐渐成熟。超大规模集成电路的发展为图形学的飞速发展奠定了物质基础。随着计算机运算能力的提高、图形处理速度的加快,图形学的各个研究方向得到充分发展,已广泛应用于动画、科学计算可视化、影视娱乐等各个领域。

3.1.2 计算机图形学的应用领域

1. 计算机图形学与游戏

计算机游戏是新兴的娱乐形式,其最大的特色就是能够为游戏参与者提供一个虚拟的空间,从一定程度上可以让人摆脱现实世界中的自我,也可以称为一种沉浸感。当然,计算机游戏的更新技术来自于计算机图形学,其中包括了地形生成、天空和纹理构建、角色动画系统、粒子特效、自然景物的模拟、游戏中的交互系统等。计算机游戏推动着计算机图形学的发展,而计算机图形学也为计算机游戏提供了强大的技术支持。例如,二维计算机游戏的视角比较简单,玩家都是以一种正交投影方式游戏,该方式显示的物体不会根据距离发生变化,因此只涉及二维的屏幕坐标(x,y);三维计算机游戏的视角一般都是透视视角,也就是物体会根据距离收缩,即远小近大,类似于人眼。这种视角就涉及坐标转换问题,需要将屏幕坐标与世界坐标相互转换才能实现。二维游戏、三维游戏和手机游戏如图3.4所示。

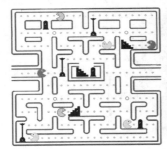

图 3.4 二维游戏、三维游戏、手机游戏截图

2. 计算机图形学与艺术

动画是计算机艺术的典型代表,是建立在计算机图形基础之上的影视作品,对图形的处理技术要求比较高,部分动画作品如图3.5所示。实际上,动画就是对一幅幅静止的图画进行一定的处理,以动态形式展现出来。最早的计算机动画就是在传统卡通片的基础上发展

图 3.5 部分动画作品

起来的。如今,动画制作方式有轴变形、几何建模、混合叠加等,人们更倾向采用建立在物理模型基础上制作动画的方式。这种方式的特点是以弹性力学和流体力学计算出最合适的动画模式,从而达到有效的仿真效果。

3. 计算机图形学与设计

计算机辅助设计和计算机辅助制造是计算机图形学在设计领域中运用最早也是最广泛的两种技术。典型的代表产品为 AutoCAD 系统软件。目前,工程建筑、机械产品设计、飞机、汽车、轮船和电子器件等产品的开发几乎都使用 AutoCAD 软件设计。部分 AutoCAD 作品如图 3.6 所示。

图 3.6 部分 AutoCAD 作品

4. 计算机图形学与虚拟现实

虚拟现实技术实现方式是利用计算机模拟生成一个三维的虚拟世界,跟现实世界可以一样,也可以不一样。使用者使用外置设备(一般指穿戴头盔),沉浸在其中,并获得视觉、听觉、触觉等感官的刺激,在这个过程中借助数据手套、传感器等专业设备与该环境中的人物或物体进行互动,以体验身临其境的感觉。抛开设备的重量感,如何使用户完全沉浸在模拟世界中,就是计算机图形学要解决的问题,其中包括真实感体验、渲染技术等。虚拟现实概念图如图 3.7 所示。

图 3.7 虚拟现实概念图

3.2　计算机图形工具软件

3.2.1　计算机图形非代码类工具

以上详细介绍了计算机图形学的定义、发展史以及应用。那么,该用什么样的工具学习计算机图形学? 用什么工具来实现想要的图形? 下面针对这两个问题介绍一些工具和软件。

1. 位图图形处理软件

(1) Photoshop。

Photoshop 是 Adobe 公司旗下最出名的图像处理软件之一,它的主要特点是功能强大,可以完成市面上其他类似软件所有的功能,操作比较简单,无需专业的美术功底也可以制作出美丽的效果。其应用领域主要有平面设计、修复照片、广告摄影、影像创意、艺术文字、绘画、绘制或处理三维贴图、图标制作、界面设计、影视后期制作等领域。

(2) Painter。

Painter 是 Corel 公司生产的一款图形处理软件,它的主要特点是拥有全面和逼真的仿自然画笔。它具有上百种绘画工具,有超过 30 种不同的笔刷种类,能够模拟各种画笔的丰富效果,是素描和绘画的优质选择。它广泛应用于动漫设计、绘画制作、美术仿真、建筑设计等领域。

2. 矢量图图形软件

(1) CorelDRAW。

CorelDRAW 是 Corel 公司开发的一款功能强大的矢量图形设计软件。它融合了绘制与编辑、动画制作、位图转换、高品质输出等强大功能;具有相当多的形状和曲线工具;支持组合、调整多个单独形状;属性栏为画面调整和修改提供良好的服务。

(2) Illustrator。

Illustrator 是 Adobe 公司推出的专业矢量绘图工具。它与 Adobe Flash 整合在一起,其路径、锚点、渐层、剪裁遮色片和符号均保持不变。此外也保留图层、群组和物件名称,能够更快速和流畅地在 Illustrator 中绘图。其应用在手绘、动漫、UI 设计及印刷等领域。

(3) Freehand。

Freehand 是 Adobe 公司一个功能强大的平面矢量图形设计软件。它绘制漫画主要用到形状、路径、渐变色填充、混合等工具和功能。其应用领域主要有广告创意、书籍海报、机械制图、建筑蓝图等。

3. 二维动画设计软件

Flash 是由 Macromedia 公司推出的交互式矢量图设计工具,后被 Adobe 公司收购。它的功能有绘图和编辑图形、动画和动作、矢量设计、交互等。其应用领域主要有移动互联网相关的矢量动画设计、应用程序开发、界面开发、游戏开发、多媒体娱乐等。

4. 三维动画设计软件

(1) 3ds Max。

3ds Max 是 Autodesk 公司旗下优秀的电脑三维动画、模型和渲染软件。它不仅可以制作静态模型,也可以绑定动作,但最主要的应用还是在建筑方面。其应用领域主要有影视、建筑装饰、游戏和设计领域等。

（2）Maya。

Maya 是 Autodesk 公司出品的三维动画制作软件，它不仅可以制作简单的三维模型，还可以与数字化布料模拟、毛发渲染、运动匹配技术相结合。特别是对人物或动物的动作绑定，通过动作调节参数，以达到完美的运动效果。其应用领域主要有现实世界的模拟与仿真，特别是毛发、布料、波浪等；网站资源开发；影视特效；游戏设计及开发学习内容等。

（3）After Effects。

After Effects 是 Adobe 公司生产的一款视频后期合成软件，它专门制作影视后期的特效，提供数百种预设的效果和动画。其应用领域主要有影视制作、商业广告、合成影像、后期制作等。

3.2.2　计算机图形代码类实现工具

1. MFC

MFC（Microsoft Foundation Classes）是微软基础类库的简称，是微软公司实现的一个C++ 类库，主要封装了大部分 Windows API 函数，VC++ 是微软公司开发的 C/C++ 的集成开发环境。MFC 除了是一个类库以外，还是一个框架，在 VC++ 里新建一个 MFC 的工程，开发环境会自动产生许多文件，同时也会自动生成若干动态链接库，也就是 dll 文件。与此同时，MFC 的内核是封装好的，所以代码中无法查看编辑文件，这样开发人员就可以专心考虑程序的逻辑，而不是做一些重复的工作。

2. Linux 下常用的框架 Qt

Qt 是 Qt 公司开发的一个跨平台的图形用户界面应用程序开发框架。它既可以开发GUI 程序，也可以用于开发非 GUI 程序，比如服务器。Qt 是面向对象的框架，使用特殊的代码生成扩展以及一些宏，易于扩展，允许组件编程。跨平台集成开发环境 Qt Creator 3.1.0 的正式发布，实现了对 iOS 的完全支持，新增 WinRT、Beautifier 等插件，废弃了无 Python 接口的 GDB 调试支持，集成了基于 Clang 的 C/C++ 代码模块，并对 Android 支持做出了调整，至此实现了全面支持 iOS、Android。

3. GTK＋

GTK（GIMP Toolkit）是一个跨平台的图形工具包，按 LGPL（Lesser General Public License）许可协议发布的。虽然最初是为 GIMP 写的，但早已发展为一个功能强大、设计灵活的通用图形库。特别是被 GNOME 选中，使得 GTK＋广为流传，成为 Linux 下开发图形界面应用程序的主流开发工具之一。当然，GTK＋并不要求必须运行在 Linux 上，事实上，目前 GTK＋已经有了成功的 Windows 版本。

以上 3 款代码类软件都有其针对的领域和优点，可以根据需要选择合适的软件组合。适合的软件可以使工作得心应手，效率更高。多种软件综合使用，相互补充，可以发挥各自的优势。

3.3　Visual Studio 2012 软件介绍及实例

3.3.1　Visual Studio 2012 软件介绍

1. Visual C++ 简介

Visual C++ 是微软提供的C++ 开发工具,简称VC++ 。它与C++ 的根本区别就在于C++ 是语言,而VC++ 是用C++ 语言编写程序的工具平台。VC++ 不仅是一个编译器,更是一个集成开发环境,包括编辑器、调试器和编译器等,它一般包含在 Visual Studio 中。Visual Studio 包含了 VB、VC++ 、C# 等编译环境。自微软发布 Visual Studio.NET 以来,建立了在.NET 框架上的代码托管机制,一个项目可以支持多种语言开发的组件。VC++ 同样被扩展为支持代码托管机制的开发环境,所以.NET Framework 是必需的,也就不再有VC++ 的独立安装程序,不过可以在安装 Visual Studio 时只选择VC++ 进行安装。

2. 版本选择

随着VC++ 版本的更新,对C++ 标准的支持越来越好,对各种技术的支持也越来越完善。但同时新版本所需的资源也越来越多,对处理器和内存的要求越来越高。本章将使用 Visual Studio 2012,它的类库和开发技术都是最完善的。

3. 界面介绍

Visual Studio 2012 的开始界面如图 3.8 所示。注意要养成良好的习惯,按照程序的功能或内容来设置文件名和文件路径,放在一个专门的文件夹中。

图 3.8　Visual Studio 的开始界面

单击新建项目后弹出图 3.9 所示对话框。这里需要选择项目类型,并决定项目存放的位置。也可以在页面的左上角单击文件→新建→项目,选择新建的项目类型。

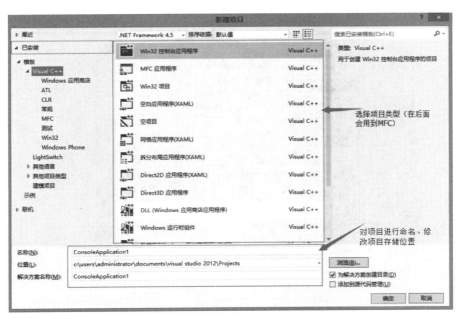

图 3.9　新建项目对话框

　　接下来介绍常用功能。设计窗体时,工具箱是一个所见即所得的工具,可以直接在里面拖曳控件。首先打开视图→工具箱,然后将其固定在窗口的左端,如图 3.10 所示。

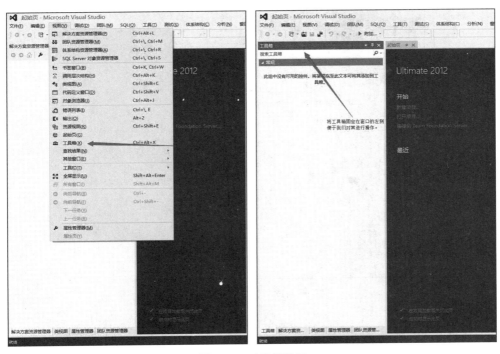

图 3.10　工具箱界面

　　在资源管理器中可以找到程序的所有文件,单击视图→解决方案资源管理器,如图 3.11

所示。这时就会出现解决方案资源管理器的界面,选择相应的控件即可打开编辑。

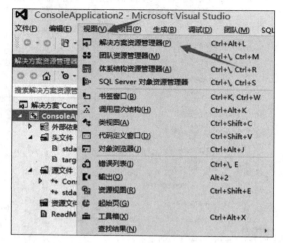

图 3.11　解决方案资源管理器选项

添加控件完成后开始编写程序,进入代码的编写窗口中。单击并选中要编写的控件,然后双击或直接按 F7 键跳转到代码界面。当程序设计好或编写到一半,想要查看一下程序运行的情况,可以单击"调试"按钮,或直接按 F5 键或 Ctrl＋F5 键(常用于控制台程序)。单击停止调试即可回到编辑状态。程序调试界面如图 3.12 所示。

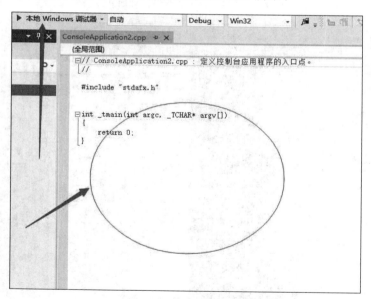

图 3.12　程序调试界面

3.3.2　MFC 实例教程

本节讲解代码方面的理论知识。首先讲解关于类的知识点,再讲解代码的内容,"//"符号后面是对代码的解释。

1. 类的概念

类是面向对象程序设计中的概念，也是面向对象编程的基础。简单来说，类是对现实生活中一类具有共同特征的事物的抽象。类是抽象的，不具体的。就像有些东西可以归为一类，比如狗、猫、猪。它们都是动物，就可以将其归为一类。而猫、狗就可以成为动物类中的一个对象。一组经过用户自定义的类会使这个程序更加简洁。类的内部封装了方法，它们用于更方便地操作类自身的成员。

2. CDC 类的定义

CDC 类提供处理显示器或打印机等设备上下文的成员，以及处理与窗口客户区对应的显示上下文的成员。通过 CDC 类的成员函数进行所有的绘图。CDC 类派生了 CClientDC、CMetaFileDC、CPaintDC 和 CWindowDC 四个子类，每个子类都有其对应的功能，如表 3.1 所示。它还为获取和设置绘图属性、处理视点、窗口扩展、转换坐标、处理区域、粘贴、绘制直线及绘制简单椭圆和多边形等形状提供了成员函数。使用 CDC 对象时首先要构造它，然后再调用成员函数。

表 3.1　CDC 派生的 4 个子类

类　名	拓 展 内 容
CClientDC	① CClientDC 类只能在客户区绘图； ② 所谓客户区，指窗口区域中去掉边框、标题栏、菜单栏、工具栏、状态栏等之外的部分，它是用户可以操作的区域； ③ 使用 CClientDC 绘图时，一般要调用 GetClientRect() 函数来获取客户区域的大小； ④ CClientDC 类在构造函数中调用 Windows API 函数 GetDC()，在析构时响应 ReleaseDC()； ⑤ CClientDC 类的窗口句柄保存在成员变量 m_hWnd，为构造 CClientDC，需将 CWnd 作为参数传递给构造函数
CWindowDC	① CWindowDC 对象在构造时调用 Windows API 函数 GetWindowDC()，在析构时调用相应的 API 函数 ReleaseDC()，这意味着 CWindowDC 对象可访问 CWnd 所指向的为整个全屏幕区域； ② CWindowDC 允许在显示器的任意位置绘图。坐标原点在整个窗口的左上角。 ③ 使用 CWindowDC 绘图时，一般要调用 GetWindowRect() 函数来获取整个应用程序窗口区域的大小； ④ CWindowDC 类的窗口句柄保存在成员变量 m_hWnd，为构造 CClientDC，需将 CWnd 作为参数传递给构造函数
CPaintDC	① 通常 CPaintDC 用来响应 WM_PAINT 消息。一般应用在 OnPaint() 函数； ② CClientDC 也是从 CDC 派生出来的。构造时自动调用 GetDC() 函数，析构时自动调用 ReleaseDC() 函数，一般应用于客户区窗口的绘制； ③ CPaintDC 只能在 WM_PAINT 消息中使用，用于有重画消息发出时才使用的内存设备环境，而 CClientDC 和客户区相关，有重画消息发出时才使用的内存设备环境，可在任何地方使用； ④ 在处理窗口重画时，必须使用 CPaintDC，否则 WM_PAINT 消息无法从消息队列中清除，将引起不断的窗口重画

类　名	拓　展　内　容
CMetaFileDC	① 在应用程序中，有一些图像是需要经常重复显示的。这样的图形最好事先绘制好，形成一个文件，并存储在内存中，用到它时直接打开就可以了，这种图形文件叫作图元文件； ② 制作图元文件需要一个特殊的设备描述环境 CMetaFileDC 类。它也是由 CDC 类继承来的，因此包含了 CDC 类的所有绘图方法； ③ 一般先在视图类的 OnCreate() 函数中创建图元文件。具体做法为先定义一个 CMetaFileDC 类的对象，然后用该对象的 Create() 函数创建它，该函数的原型为 BOOL Create(LPCTSTR lpszFilename＝NULL)； ④ 接下来使用由 CDC 继承的绘图方法绘制图元文件，最后使用 Close() 函数结束绘制，并保存该图元文件到类的数据成员中（该数据成员的类型应为 HMETAFILE）。 ⑤ 需要显示该图元文件时，使用 CDC 类的成员函数 PlayMetaFile()。不再使用该图元文件时，要用函数 DeleteMetaFile() 将其删除

3. 常用绘图类

　　CPoint、CRect、CSize 是对 Windows 的 POINT、RECT、SIZE 结构体的封装，因此可以很方便地使用其成员和变量，如表 3.2 所示。

表 3.2　常用绘图类及结构定义

类　名	结　构　定　义

CPoint 类	存放二维点坐标(x,y)。POINT 结构体的定义为：
	`typedef struct tagPOINT`
	`{`
	`    LONG x;        //点的 x 坐标`
	`    LONG y;        //点的 y 坐标`
	`}`
	`POINT, * PPOINT;`

CRect 类	存放矩形左上角点和右下角点的坐标，对应的 RECT 结构体定义为：
	`typedef struect _RECT`
	`{LONG left;          //左上角点的 x 坐标`
	` LONG top;           //左上角点的 y 坐标`
	` LONG right;         //右下角点的 x 坐标`
	` LONG bottom;        //右下角点的 y 坐标`
	`}RECT, * PRECT;`

CSize 类	存放矩形 x 方向的长度和 y 方向的长度(cx,cy)。对应的 SIZE 结构体定义为：
	`typedef struct tagSIZE`
	`{`
	`    LONG cx;        //矩形的宽度`
	`    LONG cy;        //矩形的高度`
	`}SIZE, * PSIZE;`

4. 绘图工具类(表 3.3)

表 3.3 绘图工具类及其用法

绘图工具类名	用 法 及 内 容
CGdiObject	GDI 绘图工具的基类,一般不能够直接使用
CBitmap	封装了一个 GDI 位图,提供位图操作的接口
CBrush	封装了 GDI 的画刷,可以选作设备上下文的当前画刷,用于填充封闭图形的内部
CFont	封装了 GDI 字体,可以选作设备上下文的当前字体
CPalette	封装了 GDI 调色板,提供应用程序和显示器之间的颜色接口
CPen	封装了 GDI 画笔,可以选作设备上下文的当前画笔,用来绘制图形边缘的线
CRgn	封装了一个 Windows 的 GDI 区域,这一块区域用作某一窗口中的一个椭圆或多边形区域

5. 映射模式

什么是映射模式呢？就是把图形显示在屏幕坐标系中的过程。根据映射模式的不同,也可以分为逻辑坐标和设备坐标。当然,MFC 也提供了几种不同的映射模式来适应不同的需求。这包括 MM_TEXT、MM_LOMETRIC、MM_HIMETRIC、MM_LOENGLISH、MM_HIENGLISH、MM_TWIPS、MM_ISOTROPIC、MM_ANISOTROPIC 等模式。注意,在默认情况下,一般使用的设备坐标系为 MM_TEXT,其特点是坐标原点位于客户区左上角,x 轴水平向右,y 轴垂直向下,坐标基本单位为一个像素。

使用映射模式时也需要对应的映射函数。使用各向同性的映射模式 MM_ISOTROPIC、各向异性的映射模式 MM_ANISOTROPIC 时,需要调用的映射函数是 SetWindowExt()和 SetViewportExt(),它们可以用来改变窗口和视图区域的设置。其余模式则不需要调用。而 MM_TEXT、MM_LOMETRIC、MM_HIMETRIC、MM_LOENGLISH、MM_HIENGLISH、MM_TWIPS 等映射模式主要应用于使用物理单位(英寸/毫米)来绘图的情况。

这几种映射模式都是写在 OnDraw 函数中,下面以 MM_ANISOTROPIC 模式为例。

```
Void CTestView::OnDraw(CDC *pDC)
{
    CTestDoc * pDoc=GetDocument();
    ASSERT_VALID(pDoc);
    CRect rect;                         //此语句表示声明了一个客户区为矩形的面板
    GetClientRect(&rect);               //在声明好的客户区中获取其坐标
    pDC->SetMapMode(MM_ANISOTROPIC);    //SetMapMode 为映射模式中的方法
    ...
}
```

6. GDI 对象的使用

GDI 是图形设备接口(Graphics Device Interface 或 Graphical Device Interface)的简称,是微软公司的视窗操作系统(Microsoft Windows)的三大内核部件之一,也是微软视窗系统表征图形对象的标准。

在 MFC 中需要使用 GDI 对象,具体内容如表 3.4 所示。

表 3.4　GDI 对象函数

函数用途	类属	语句	返回值	参数解释	备注
画笔创建函数	CPen::CreatePen	BOOL CreatePen (int nPenStyle, int nWidth,COLORREF crColor);	成功调用为"非0",否则为"0"	nPenStyle 是画笔的样式;nWidth 是画笔的宽度;crColor 是画笔的颜色	画笔也可以使用构造函数直接定义。将语句前面的 BOOL CreatePen 改为对 CPen 即可
画刷创建	CBrush::CreateSolidBrush.	BOOL CreateSolidBrush (COLORREF crColor);	成功调用为"非0",否则为"0"	crColor 是画刷的颜色	实体画刷使用指定的颜色填充图形的内部,也可以使用构造函数直接定义。语句前面改为 CBrush
选入 GDI 对象	CDC::SelectObject。	CPen*SelectObject(CPen*pPen); CBrush * SelectObject (CBrush * pBrush); CBitmap*SelectObject(CBitmap*pBitmap)	如果成功返回,将被替换对象的指针;否则返回 NULL	pPen 是将要选择的画笔对象指针;pBrush 是将要选择的画刷对象指针;pBitmap 是将要选择的位图对象指针	本函数将设备上下文的原 GDI 对象更换为新对象,同时返回指向原对象的指针
删除 GDI 对象	CGdiObject::DeleteObject	BOOL DeleteObject();	成功删除 GDI 对象,则返回"非0",否则返回"0"	无	GDI 对象使用完毕后,如果程序结束,会自动删除 GDI 对象;不能使用 DeleteObject() 函数删除正在被选入设备上下文中的 CGdiObject 对象。
选入库对象	CDC::SelectStockObject。	VirtualCGdiObject* SelectStockObject (int nIndex);	调用成功,则返回被替代的 CGdiObject 类对象指针;否则返回 NULL	nIndex 可以是常用的库里面画笔代码	库对象的返回类型是 CGdiObject*,使用时需要根据具体情况进行相应转换

7. MFC 图形绘制实例

MFC 有几种常见的绘图方法,包括 OnDraw()成员函数可以直接绘图、使用菜单绘图、使用自定义函数绘图等。在即将讲解的案例中,绘图方法以使用 OnDraw()成员函数直接绘图为主,并且通过 CDC 类中的主要几种绘图成员函数来绘制简单的图形。

实例一:绘制像素点。

知识点:MFC 在 Visual Studio 2012 中的使用方法。

CDC 类成员中绘制像素点的函数使用。

OnDraw()函数的绘制过程。

MFC 中语法的基本编写方式。

步骤 1:打开 Visual Studio 2012 软件,新建名为 ProjectOne 的项目,选择 MFC 应用程序并单击"确定"按钮,弹出界面如图 3.13 所示。

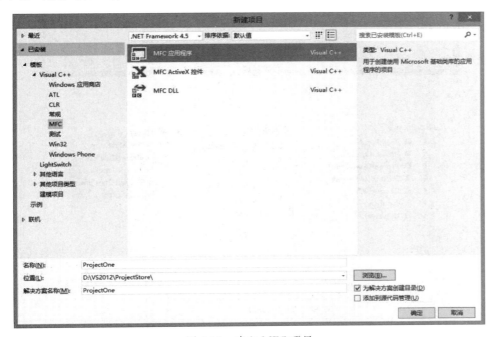

图 3.13 建立 MFC 项目

步骤 2:在应用程序类型里选择单个文档,项目类型为 MFC 标准,然后单击"完成"按钮即可,向导界面如图 3.14 所示。

步骤 3:进入项目界面,左边包括程序源文件(* cpp)、头文件(* .h)和资源文件(*.ico、* .bmp 等),如图 3.15 所示。接下来使用头文件下的 ProjectOneView.h 和源文件下的 ProjectOneView.cpp 两个文件。然后双击 ProjectOneView.cpp,在右侧代码编写面板处找到 OnDraw()函数。

步骤 4:如果在 OnDraw()函数里直接编写代码,会出现错误,需要将图 3.16 中箭头所指的/ * 和 * /去掉,目的是注销一些语句。完成此项工作后,就可以在 OnDraw()函数里面正常编写绘制像素点的代码了,详细代码如下。

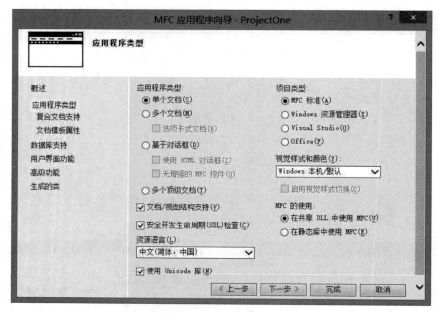

图 3.14　MFC 应用向导

图 3.15　程序文件

```
Void CProjectOneView::OnDraw(CDC* /*pDC*/)
{
    CProjectOneDoc* pDoc = GetDocument();
    ASSERT_VALID(pDoc);
    if (!pDoc)
        return;

    // TODO: 在此处为本机数据添加绘制代码
    COLORREF clr;
    int x=20,y=20;
    pDC->SetPixelV(x,y,RGB(0,255,0));
}
```

图 3.16　注释部分

```
Void CProjectOneView::OnDraw(CDC * pDC)
{
    CProjectOneDoc * pDoc = GetDocument();
    ASSERT_VALID(pDoc);
If(!pDoc)
return;
//TODO：在此处为本机数据添加绘制代码
```

```
COLORREF clr;          //声明一个 COLORREF 类型的变量,名字为 clr,用来存放像素点的颜色
int x=20,y=20;                  //定义了两个整型的参数 x、y 并赋值
pDC->SetPixelV(x,y,RGB(0,255,0));
                        //SetPixelV 是绘制像素点的方法,代表在(20,20)处绘制红色点
Clr=pDC->GetPixel(x,y);        //将绘制好的点颜色赋值给 clr
pDC->SetPixelV(x+100,y,clr);   //绘制第二个点
}
```

步骤 5:单击工具栏的 ▶ 本地 Windows 调试器 ▾ 按钮进行程序调试。目的是在(20,20)和(20+100,20)这两处坐标绘制像素点1、像素点2。由于绘制的是像素点,所以特别小,图 3.17 所示是放大后显示出来的效果。

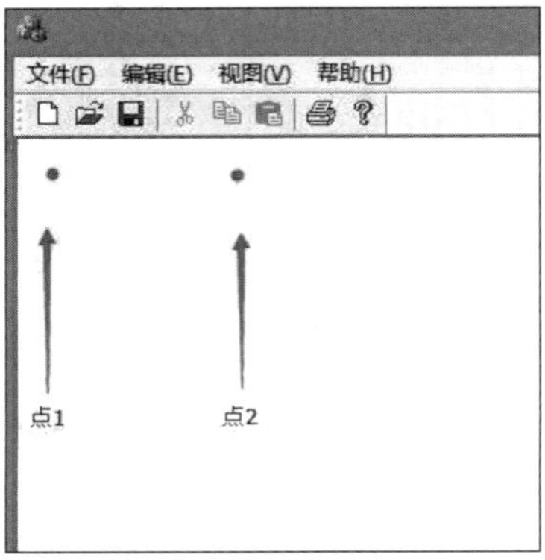

实例二:绘制面(矩形)。

知识点:画笔的声明。

　　　　画笔类型的了解。

　　　　矩形函数。

　　　　MFC 中参数的熟练运用。

步骤 1:依旧在 OnDraw( )函数里面编写代码。编写前需要考虑两点:矩形 4 个点的确定,矩形边缘线条和内部颜色填充分别需要画笔和笔刷。这能使编程思路更加清晰。具体代码和注释如下。

图 3.17　像素点示意图

```
void CProjectOneView::OnDraw(CDC * pDC)
{
    CProjectOneDoc * pDoc = GetDocument();
    ASSERT_VALID(pDoc);
    if (!pDoc)
        return;
    // TODO:在此处为本机数据添加绘制代码
    CPen NewPen, * pOldPen;      //声明一个新画笔对象和原画笔指针
    NewPen.CreatePen(PS_SOLID,1,RGB(255,0,0));
                        //创建一个新的 1 像素宽的红色实线画笔;PS_SOLID 代表画笔的样式
    pOldPen=pDC->SelectObject(&NewPen);
                            //将创建的新画笔选入设备上下文中,以便于程序读取
    CBrush NewBrush, * pOldBrush;     //声明新的笔刷对象和原笔刷指针。填充矩形内部
    NewBrush.CreateSolidBrush(RGB(249,104,240));    //创建实体的粉色笔刷来填充矩形
    pOldBrush=pDC->SelectObject(&NewBrush);    //同样将新建的笔刷也选入设备上下文
    pDC->Rectangle(100,100,600,300);
        //绘制矩形,Rectangle 是绘制矩形的方法,括号里的参数代表矩形(4 个坐标)的位置
    pDC->SelectObject(pOldBrush);      //以上语句已绘制完成,本语句代表恢复原有笔刷
    NewBrush.DeleteObject();     //因为绘制完成,所以要清理掉之前的笔刷,否则会占用内存
    pDC->SelectObject(pOldPen);         //同样恢复原有画笔
    NewPen.DeleteObject();        //最后再删除画笔
}
```

步骤 2：运行项目，效果如图 3.18 所示。

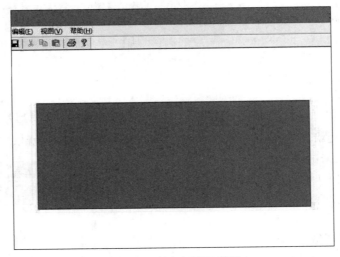

图 3.18　粉色矩形示意图

注意：本程序用到了画笔类型(PS_SOLID)实现画笔。表 3.5 所示为几款常用的画笔。

表 3.5　常用画笔

画 笔 样 式	线 条 样 式	宽 度 值
PS_SOLID	实线	随意指定
PS_DASH	虚线	1 或者更小
PS_DOT	点线	1 或者更小
PS_DASHDOT	点画线	1 或者更小
PS_DASHDOTDOT	双点画线	1 或者更小
PS_NULL	不可见线	随意指定
PS_INSIDEFRAME	内框架线	随意指定

课后习题

1. 填空题

（1）图形的表示方法有_____和_____。

（2）第一台图形显示器是由_____研制而成的。

（3）_____提出了第一个光反射模型。

（4）高洛德提出_____的思想，被称为高洛德明暗处理。

（5）根据映射模式的不同，映射模式也可以分为_____和_____。

2. 简答题

（1）参数法的定义是什么？

（2）点阵法的定义是什么？

（3）纵观 20 世纪中期，计算机图形学发展的主要特点是什么？

（4）类的概念是什么？

（5）什么是映射模式呢？

3. 实践题

请根据之前所学，运用 MFC 绘制一个椭圆。椭圆的绘制方法为 Ellipse(int x1,int y1,int x2,int y2)。

参考文献

[1] 孔令德.计算机图形学：基于 MFC 三维图形开发[M]. 2 版. 北京：清华大学出版社,2021.

[2] 陆玲. Visual C++ 数字图像处理[M]. 2 版. 北京：中国电力出版社,2021.

[3] 孔令德.计算机图形学[M].北京：清华大学出版社,2021.

[4] 任哲. MFC Windows 应用程序设计[M]. 3 版. 北京：清华大学出版社,2013.

第 4 章

三维建模技术

4.1 三维建模技术概述

4.1.1 三维建模技术的定义

　　三维建模在日常生活中很常见,比如小时玩的堆沙丘城堡、搭积木等,就是一个三维建模的过程,还有生活中的雕刻、制作陶瓷艺术品等,也是不断建模的过程。在堆沙丘、搭积木的过程中,首先需要制作者脑海中有一个原型,根据这个原型再进行制作,制作过程中通过新建、修改甚至删减达到完美目的,因此人脑中的物体形貌在真实空间再现出来的过程就是三维建模的过程。从广义上讲,生活中所有产品的制造过程,无论是手工制作还是机器加工,主要特点都是将人脑中设计的产品转化为真实产品,这些都可称为产品的三维建模过程。从狭义上讲,三维建模是指在计算机上建立完整的三维数字几何模型的过程。制作的物体可以是现实世界的实体,也可以是虚构的物体。图 4.1 所示为生活中常见的三维模型。

三维模型:游戏人物　　　三维模型:奥迪轿车　　　三维模型:游戏场景　　　三维模型:沙发

图 4.1　生活中常见的三维模型

4.1.2 三维建模技术的应用领域

　　随着计算机技术的不断发展,三维建模技术获得了更好的发展平台,其在游戏、建筑、医学、商业、军事、工业制造等领域都获得了广泛应用。下面简单介绍其应用领域。

1. 建筑领域

　　随着三维建模技术的成熟与发展,其在建筑、景观设计等领域都有着较为广泛的应用。人们通过建模可以获得较强的真实感,并且通过旋转等手段对该模型进行任意角度的观察。此外,在建模的过程中,可以随意修改建筑模型的形状、光照及角度等。通过建模软件搭建的房屋模型如图 4.2 所示。

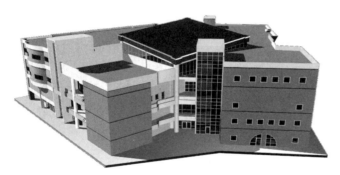

图 4.2　房屋模型

2. 商务领域

在日常生活中,商务性质的广告无处不在。在商务广告领域中,三维建模的应用主要体现在产品演示和推广两部分。一个好的产品展示动画能够让观众在短时间内了解其关注的产品。拍摄过程中经常需要用三维建模技术来实现。例如,在手机广告中,把手机展示模型做成图 4.3 所示的状态,就可以让用户对手机的外观和功能有一个全方位了解。

图 4.3　手机模型

3. 军事领域

在军事领域中,三维动画能够实现武器装备模拟(精确模拟武器的内外部结构和工作原理),三维战场环境模拟(对战场地形地貌、自然环境、兵力部署、交战状况进行精确模拟)。除此之外,还可以应用到空军飞行模拟,如图 4.4 所示。由于军事领域的特殊性,战场范围比较大,模型外观不需要过于精细。

4. 医学领域

在医学领域中,使用三维建模技术制作器官的精确模型。心脏的三维模型如图 4.5 所示。在传统的医学领域中,诊断、治疗主要依赖扫描或切片获得的二维图像数据,这些二维平面展示虽然能够提供一部分治疗辅助信息,却无法提供病灶在空间层次的分布情况。运用三维模型技术能够很好地解决这个问题,为医学领域提供了更多的应用场景。

图 4.4　空军飞行模拟

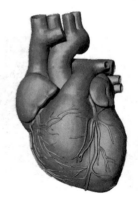
图 4.5　心脏模型

5. 影视领域

在影视动画领域中,使用三维动画技术模拟一个场景过程,反映事物的连续变化,可以细节到人物的表情。图 4.6 所示为《指环王》电影中通过动作捕捉系统将人物动作与三维模型绑定。

6. 3D 打印技术

3D 打印技术是一种以 3D 模型文件为原型,运用粉末状金属或塑料等黏合材料,通过逐层打印的方式来打印物体的技术。图 4.7 所示是一个 3D 打印机正在制作一个赛车模型。

图 4.6　咕噜姆角色构建

图 4.7　打印赛车模型

7. 园林景观领域

三维建模技术在园林景观领域的应用主要在旅游业方面,比如景区利用三维动画技术来进行宣传,旅游景点开发利用三维模型(图 4.8)来查看效果。因此,建模的要求根据需求不同而不同,在真实性、美观性、专业性、技术性等方面都有一定的要求。

8. 电子游戏领域

电子游戏中的很多人物角色,是通过三维建模技术构建出来的,构建好人物模型之后再构建人物动画。图 4.9 是电子游戏中的半人马模型。在电子游戏领域,三维建模能够体现一定的视觉冲击,对角色模型的构建精细度极高。

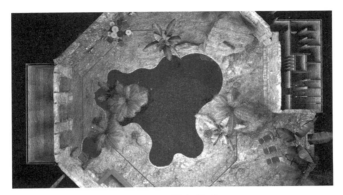

图 4.8 景点模型

图 4.9 半人马模型

4.2 三维建模工具介绍

4.2.1 三维模型构建方法

对于物体建模的方法有 3 种比较常用。

第 1 种方法是利用三维软件建模。目前,市场上可以找到很多优秀的建模软件,比如 3ds Max、Maya 等。前者更偏向于在工程建筑方面建模,后者更趋向于游戏动画等人物模型的构建。两款软件都是利用一些基本的几何元素,如立方体、球体、锥体等,通过一系列的几何操作(平移、旋转、拉伸)来构建复杂的几何场景。几何建模的创建与描述是虚拟场景造型的重点。

第 2 种方法是通过仪器设备测量建模。三维扫描仪又称为三维数字化仪。它是当前对实际物体进行三维建模的重要工具,能够快速方便地将实际的立体彩色信息转换为计算机能直接处理的数字信号,为实物数字化提供了有效手段。它扫描的对象不是二维平面,而是三维的立体实物。通过对实物进行扫描获得物体表面每个采样点的三维空间坐标,彩色扫描还可以获得每个采样点的色彩。

第 3 种方法利用图像或视频建模。基于图像的建模和绘制与传统基于几何的建模和绘制相比,前者提供了获得照片真实感的一种最自然的方式,这种独特的方式使得建模变得更快、更方便,并且具有较强的真实感。由于图像本身包含着丰富的场景信息,所以自然容易从图像获得照片般逼真的场景模型。基于图像建模的主要目的是由二维图像恢复景物的三维几何结构。

4.2.2　三维模型构建工具

三维建模的领域非常广泛,主要有建模、渲染、动画等多方面。以下将主要介绍三维建模软件,包括 3ds Max、Maya、Autodesk 123D、TinkerCAD、3DTin、Blender、Rhinoceros、ProE 等。它们都有适合自己的应用领域及特点。

1. 3ds Max

3ds Max 是目前较大众化的、被广泛应用的设计软件,也是当前世界销量较大的三维建模软件。它提供许多动画及渲染解决方案,被广泛应用于影视、建筑装饰、游戏和设计等领域。在众多的设计软件中,由于 3ds Max 对硬件的要求不太高,在 Windows 系统上运行稳定,使之成为技术人员的首选。3ds Max 有 3 种建模方法:Mesh(网格)建模、Patch(面片)建模和 Nurbs(曲面)建模。最常用的是 Mesh 建模,它可以生成各种形态的模型。3ds Max 软件正在向智能化、多元化方向发展。

2. Maya

Maya 是 Autodesk 公司出品的世界顶级的三维动画软件,主要应用在影视特效、角色动画、平面设计辅助、印刷出版等领域。Maya 具有功能完善、工作灵活、易学易用、制作效率极高、渲染真实感极强等特点,是电影级别的高端制作软件。很多三维设计人选择软件的时候都将 Maya 列为首选,因为它可以提供完美的三维建模、动画、特效和高效的渲染功能。另外,Maya 也被广泛地应用到平面设计(二维设计)领域。

3. Autodesk 123D

Autodesk 123D 是 Autodesk 公司发布的一套建模软件,只需要简单地为物体拍摄几张照片,就能轻松自动地为其生成 3D 模型,不需要复杂的专业建模知识。Autodesk 123D 是完全免费的,使用户能很容易地接触和使用它。

4. TinkerCAD

TinkerCAD 是一款基于 WebGL(一种三维绘图标准)的建模软件。其专注于帮助用户使用 3D 打印机制作模型,目前已经被 Autodesk 公司收购。其主要特点是难度低,方便技术人员的使用。

5. 3DTin

3DTin 是一款使用 WebGL 技术开发的三维建模工具,并且是一款可以在浏览器中完成三维建模的工具。该工具可以支持在浏览器中创建自己的三维模型,模型可以保存在云端或导出为标准的 3 维文件格式,如. ∗ obj 格式文件。

6. Blender

Blender 是一款使用 GNU GPL(General Public License)开源协议的三维绘图软件,其

建模、渲染、动画等功能都相当完整。Blender 已经具有了一般商业软件的规模。它的建模以网格和多边形为主,也包括各种曲线、曲面以及球面编辑的能力。

7. Rhinoceros

Rhinoceros 是一款将 Nurbs 引进 Windows 操作系统的三维计算机辅助产品设计软件。其具有价格低廉、系统要求不高、建模能力强、易于操作等优点,在 1998 年 8 月正式推出后,对计算机辅助三维设计和计算机辅助工业设计的工作者产生很大的震撼,并迅速应用于各个领域。

8. ProE

ProE(Pro Engineer),是由 PTC(Parametric Technology Corporation)公司开发的唯一一整套机械设计自动化软件产品。它采用参数化和基于特征建模的技术,提供给设计师一个革命性的方法实现机械设计自动化。它由一个产品系列模块组成,专门应用于产品从设计到制造的全过程。ProE 的参数化和基于特征建模的能力给工程师和设计师提供了更加容易和灵活的设计环境。ProE 的唯一数据结构提供了所有工程项目之间的集成,使整个产品从设计到制造紧密地联系在一起。它有着独特的数据结构与工程设计完整结合的特点。其基于特征的实体模型化系统功能使设计师们的设计具有简易性和灵活性。

4.3 3ds Max 2014 软件介绍及实例

4.3.1 3ds Max 2014 软件介绍

3ds Max 是 Autodesk 公司出品的三维软件。它功能强大,发布以来就受到艺术家的喜爱。本章以 3ds Max 2014 版为介绍对象。

安装好 3ds Max 2014 之后,可以通过两种方式打开软件:第一种是直接双击桌面上的软件图标;第二种是在 Windows"开始"菜单执行程序→Autodesk→Autodesk 3ds Max 2014→3ds Max 2014-Simplified Chinese。此流程可以打开 3ds Max 中文版,如图 4.10 所示。

图 4.10 打开 3ds Max 中文版

3ds Max 的工作界面如图 4.11 所示。3ds Max 2014 是 4 个视图显示,如果需要切换到单一的视图显示,可以单击界面右下角的"最大化窗口切换"按钮。最大化窗口如图 4.12 所示。

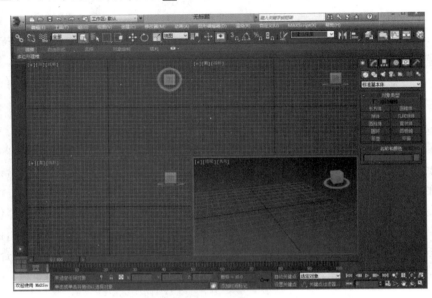

图 4.11　工作界面

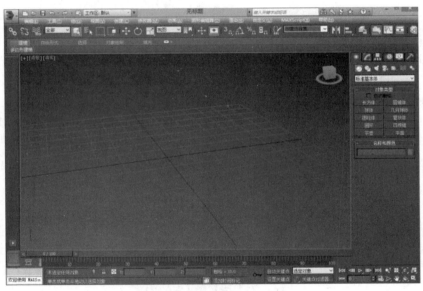

图 4.12　最大化窗口

注意:切换窗口时需要选中要切换到全屏的窗口。

3ds Max 2014 的工作界面分为"菜单栏""标题栏""主工具栏""视口区域""命令面板""时间尺""状态栏""时间控制按钮""视口导航按钮"9 部分,如图 4.13 所示。

1. 菜单栏

菜单栏包含所有用于编辑对象的菜单命令。它位于工作界面的顶端,包含编辑、工具、

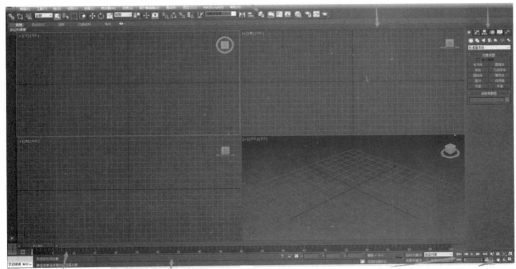

图 4.13 工作界面

组、视图、创建、修改器、动画、图形编辑器、渲染、自定义、MAXScirpt(Max 脚本)和帮助等 2 个主菜单,具体功能如表 4.1 所示。

表 4.1 菜单功能表

菜 单 名	功 能
编辑	主要包括撤销、重做、暂存、取回、删除等常用命令
工具	主要包括对物体进行操作的常用命令
组	其命令可以将场景中的两个或两个以上的物体变成一个组,反之亦然
视图	主要用来控制视图的显示方式以及相关参数设置
创建	用来创建几何物体、二维物体、灯光和粒子等
修改器	包括所有的修改器
动画	用来制作动画,包括正向动力学、反向动力学以及创建和修改骨骼的命令
图形编辑器	是场景元素之间用图形化视图方式来表达关系的菜单
渲染	用于设置渲染参数,包括"渲染""环境""效果"等命令
自定义	用来更改用户界面或系统设置
MAXScript	3ds Max 支持脚本程序设计语言
帮助	3ds Max 的一些帮助信息,可供用户参考学习

2. 标题栏

标题栏显示当前编辑的文件名称及软件版本信息。它位于界面的最顶端,包含当前编辑的文件名称、软件版本信息、软件图标,以便用户快速访问工具栏和信息中心。

3. 主工具栏

主工具栏包含最常用的工具。它位于菜单栏的下方。表 4.2 展示了主工具栏的部分工具以及相应功能。

表 4.2　工具功能表

工　具　名	功　　　能
选择并链接工具	主要用于建立对象之间的父子链接关系与定义层级关系。此工具只能是父物体带动子物体,而子物体的变化不会影响到父物体
绑定到空间扭曲工具	该工具可以将对象绑定到空间扭曲对象上
选择对象工具	选择要编辑的对象
选择区域工具	选择区域工具包含 5 种模式:矩形选择区域、圆形选择区域、围栏选择区域、套索选择区域、绘制选择区域
选择移动工具	选择并移动对象,使用移动工具可以将选中的对象移动到任何位置
选择并旋转工具	选择并旋转对象,其使用方法与"选择并移动"工具相似
选择并缩放工具	选择并缩放对象,工具包含 3 种:选择并均匀缩放、选择并非均匀缩放、选择并挤压等
轴点中心工具	工具有 3 种:使用轴点中心、使用选择中心、使用变化坐标中心
捕捉快捷键工具	该工具包含 3 种:2D 捕捉工具、2.5D 捕捉工具、3D 捕捉工具
角度捕捉切换工具	该工具用来指定捕捉的角度
百分比捕捉工具	该工具可以将对象缩放捕捉到自定的百分比
微调器捕捉切换工具	该工具可以用来设置微调器每次单击的增加值/减少值
对齐工具	对齐工具有 6 种:对齐、快速对齐、法线对齐、放置高光、对齐摄影机、对齐到视图
材质编辑器工具	该工具用来编辑材质对象的材质

4. 视口区域

视口区域是实际工作的区域,是操作界面中最大的区域,也是 3ds Max 软件中实际工作的区域。该区域默认状态下为四视图显示,包括顶视图、左视图、前视图和透视图。在这些视图中,可以从不同角度对场景中的对象进行观察和编辑,每个视图的左上角都会显示视图的名称以及模型的显示方式,且右上角的位置会有一个导航器,如图 4.14 所示。

5. 命令面板

命令面板包含用于创建和编辑对象的常用工具和命令。对于场景中对象的操作都可以在命令面板中完成。命令面板由 6 个用户界面面板组成,默认状态下显示的是创建面板,其他分别是修改面板、层次面板、运动面板、显示面板和实用程序面板,如图 4.15 所示。其功能如表 4.3 所示。

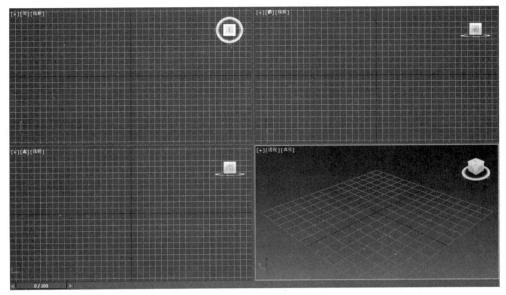

图 4.14 3ds Max 四视图工作区

图 4.15 命令面板内容

表 4.3 命令面板功能表

面 板 名	功 能
创建面板	在创建面板中可以创建 7 种对象,分别是几何体、图形、灯光、摄影机、辅助对象、空间扭曲和系统
修改面板	主要用来调整场景中选定对象的参数值
层次面板	可以访问调整对象之间的层级关系和信息
运动面板	主要用来调整选定对象的运动属性
显示面板	主要用来设置场景中选定对象的显示方式
实用程序面板	访问各种工具程序

6. 时间尺

时间尺包含时间线滑块和轨迹栏两部分。时间线滑块位于视图的最下方,用于指定帧,默认的帧总数为100帧,具体数值可以根据动画长度来修改。拖曳时间线滑块可以在帧之间迅速移动,单击时间线滑块左右的向左箭头和向右箭头,可以向前或向后移动一帧,如图4.16所示。

图 4.16　时间尺

7. 时间控制按钮

时间控制按钮用于帧控制,位于状态栏的右侧,这些按钮主要用来控制动画的播放效果,包括关键点控制和时间控制等,如图4.17所示。

图 4.17　时间控制按钮

8. 状态栏

状态栏显示选定对象的数目、类型、变换值和栅格数目等信息,位于时间尺的下方,可以基于当前光标位置和运行的程序来动态提供反馈信息,如图4.18所示。

图 4.18　状态栏

图 4.19　视口导航按钮

9. 视口导航按钮

视口导航按钮控制视图的显示和导航,在状态栏的最右侧,主要用来控制视图的显示和导航。使用这些按钮可以缩放、平移和旋转活动的视图,如图4.19所示。

4.3.2　实例教程

本案例是为了展示3ds Max 2014的制作模型的方法,通过修改基础图形的大小调整颜色,来达到制作休闲沙发模型的目的。休闲沙发的效果如图4.20所示。

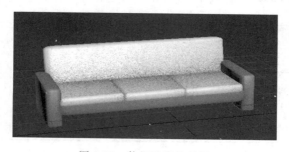

图 4.20　休闲沙发效果图

打开 3ds Max 2014 软件,新建一个项目,并保存。

建模之前先进行简单模型构造分析。沙发模型基本由几何体中的长方体组成,所以在命令面板中找到 标准基本体 ，单击弹出下拉菜单,选择扩展基本体,然后选择切角长方体,如图 4.21 所示。在视图区域单击作为起点,移动位置并松开左键,直到长方体大小适中。按下快捷键 R,即缩放工具对其进行细节调整。当然也可以在命令工具中选择修改命令,直接修改长方体大小,如图 4.22 所示。

图 4.21 切角长方体

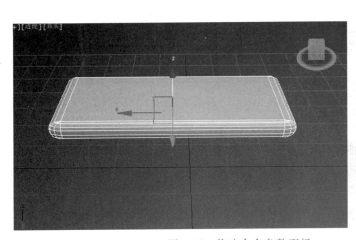

图 4.22 修改命令参数面板

接下来给沙发做一个靠背。首先按下 W 键,将对象切换至可移动状态,然后在选中沙发座的情况下按住 Shift 键,并且移动物体即可复制当前对象。按下 E 键旋转到对应位置即可,效果如图 4.23 所示。

注意:在建模过程中使用 Ctrl+鼠标滚轮可以移动视角,单独滑动滚轮可以控制视口远近。

图 4.23　沙发背效果图

　　构建沙发两边的扶手,跟上个步骤一样复制沙发座对象,然后进行缩放和旋转,调至沙发两边,效果如图 4.24 所示。

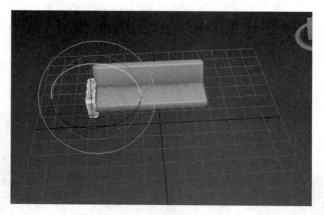

图 4.24　沙发左侧扶手效果图

　　同理制作出沙发右侧扶手,如图 4.25 所示。制作右侧扶手的时候,只需要复制左侧扶手并拖动到右侧即可。

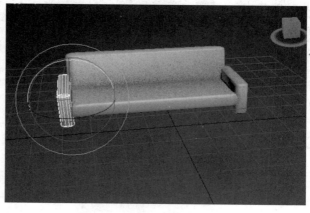

图 4.25　沙发双侧扶手效果图

接下来制作沙发坐垫,方法同扶手的制作。效果如图 4.26 所示。

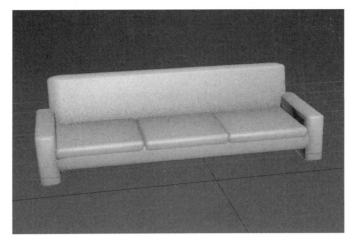

图 4.26 沙发坐垫效果图

选中要修改颜色的对象,然后在命令面板中修改颜色,如图 4.27 所示。修改好颜色之后保存模型,以便下次修改和使用。单击标题栏左上角的 按钮,弹出图 4.28 所示的菜单,选择"另存为"选项,切换到图 4.29 所示对话框,命名文件并保存即可。

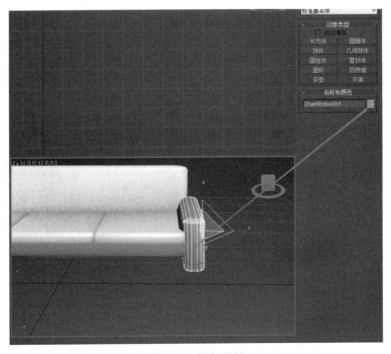

图 4.27 颜色面板

图 4.28　保存菜单

图 4.29　"文件另存为"对话框

课后习题

1. 填空题

基于图像建模的主要目的是由＿＿＿＿＿＿＿恢复景物的＿＿＿＿＿＿＿。

2. 简答题

（1）三维建模技术应用领域包括什么？

（2）对于物体建模的方法，常用的方式有哪些？

（3）3ds Max 和 Maya 的特点和不同是什么？

（4）3ds Max 2014 的工作界面包括哪些？

3. 实践题

运用所学知识，结合 3ds Max 2014 制作家用衣柜模型。

参考文献

[1] 张敏.3ds Max 2014 三维制作基础实例教程[M].西安：西安电子科技大学出版社,2020.

[2] 游天,夏青.三维实体模型的建模技术[J].北京：测绘科学,2012,37(6)：172-174.

[3] 王琦.Autodesk Maya 2015 标准教程[M].北京：人民邮电出版社,2014.

第 5 章

数字视频处理

5.1 数字视频简介

数字视频是随着计算机技术的发展而产生的一种视频,其不同于模拟视频。数字视频是由电子信号组成的,本质还是像素,这一点类似于数字图像,因此数字视频的每一帧都是一张数字图像。这也是数字视频的最大优势,即可以对每一帧进行视频处理。本节将讲解数字视频的概念、发展历程及基本原理。

5.1.1 模拟视频与数字视频

1. 模拟视频的概念

模拟视频就是由不断连续的模拟信号组成的视频图像,原来的电影和电视都是模拟信号,主要是采用摄像机等外部设备捕获。

模拟信号是指在时间和数值上都连续且不断变化的信号,其信号的幅度、频率及相位都会随着时间、距离发生变化,如声音信号、图像信号等。

模拟视频也有弊端,如不适合长期存放,不适宜进行多次的复制,而且随着时间的推移,录像带上的图像信号强度也会减弱,出现图像质量下降、色彩失真等现象。于是,在不断改进这些弊端的情况下,数字视频出现了。

2. 数字视频的概念

随着数字技术的迅猛发展,数字视频开始取代模拟信号。数字视频就是先用摄像机等视频捕捉设备,将捕捉到的图像视频颜色和亮度信息转换为电信号,再存储到存储介质中,如硬盘、光盘等。因此,波形幅度被限制在有限的数值之内,即 0 和 1,数字信号不会受到强烈的干扰,而且具有便于储存、处理和交换,安全性好和设备集成化等优点。模拟信号和数字信号的对比如图 5.1 所示。

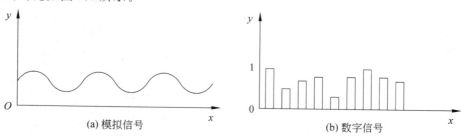

(a) 模拟信号　　　　　(b) 数字信号

图 5.1　模拟信号和数字信号

5.1.2 数字视频的发展历程

数字视频的发展和计算机的处理能力息息相关,密不可分。自计算机诞生以来,其发展经历了计算、数据处理及多媒体 3 个阶段。

1. 计算阶段

计算机发明不久,主要用于科学与工程技术中。因此,早期的计算机仅能处理数值数据。这一时期受到硬件设备的制约,视频主要是用模拟信号记录。

2. 数据处理阶段

随着字符发生器的诞生,计算机不但能处理简单的数值,还可以表示和处理字母及各类符号。从此,计算机的应用领域进一步拓展。这一时期,数字化概念处于萌芽阶段。

3. 多媒体阶段

随着各种图形、图像和语音设备的问世,计算机逐步进入突破性的多媒体时代。在这一阶段中,计算机可以直接、生动地传达媒体信息,因此多媒体时代是推动数字视频的重要时期。

5.1.3 数字视频的基本原理

计算机是以数字化形式存储信息,因此视频存储到计算机中必然会将模拟信号转换为数字信号。存储的过程即为模数转换过程,连续视频数据流进入计算机时,每像素点完成采样工作,按照颜色进行量化。像素点按照一定的结构存储在帧缓冲器中,因此每帧画面就是一幅数字图像,如图 5.2 所示。按照时间逐帧数字化得到的连续图像形成数字视频。因此,数字视频是连续的数字图像,数字图像是离散的数字视频。

图 5.2 多帧图像

5.1.4 分辨率和色彩饱和度

像素是组成画面的最小单位,通常一像素点的颜色由红、绿、蓝三种颜色组成。分辨率是指屏幕上像素的数量,像素和分辨率都是影响画面清晰程度的重要因素。因此,分辨率越高,像素数量越多,画面清晰度越高。像素分布如图 5.3 所示。

颜色深度是指最多支持的颜色种类,一般用位来描述。不同格式的图像呈现出的颜色种类会有所不同,如 GIF 格式图片支持的是 256 种颜色,则需要 256 个不同的数值来表示

图 5.3　像素分布图

不同的颜色,即从 0 到 255。

　　颜色深度越小,色彩的鲜艳程度就相对较低;反之,颜色深度越大,图片占用的空间就越大,色彩的鲜艳度也会越高。

5.2　数字视频格式

　　为了更好地编辑视频,必须熟悉各种常见的文件格式。

　　数字视频的格式分为非压缩和压缩两种类型。非压缩类型是以原有信号码率直接记录输入信号,保持原有信号水平。该类型图像质量高,信号损失小,同时数据量大,因此对硬件设备要求较高,价格比较昂贵。压缩类型是采用国际数字压缩标准技术,也是目前被广泛使用的一种类型。通过减小信号的数据量来减小存储体积,同时保证图像质量,以达到最小的信号损失,实现尽可能好的效果。市场上主流的压缩类型如表 5.1 所示。

表 5.1　压缩视频格式类型

格式名称	功　能
MJPEG 格式	即动态 JPEG。以 25 帧/秒的速度使用 JPEG 算法压缩视频信号,完成动态视频的紧缩
MPEG 格式	由 MPEG 编码技术压缩而成的视频文件,被广泛应用于 VCD、DVD 以及 HDTV 的视频编辑与处理中
AVI 格式	兼容性好,调用方便,图像质量好;但文件的占用空间十分庞大
MOV 格式	由苹果公司研发的视频格式。最初该格式文件只能在 Mac 机上播放,后来,苹果公司推出基于 Windows 的 Quick Time 软件,MOV 格式也成为使用比较广泛的视频文件格式
RMVB 格式	RMVB 格式除了可以本地播放外,还可互联网播放
WMV 格式	可扩充的媒体类型,可本地或网络播放,多语言支持以及扩展性等
ASF 格式	一种包含音频、视频、图像以及控制命令脚本的数据格式

5.3　数字视频特效展示——蒙太奇合成

　　蒙太奇的原意为文学、美术、音乐的结合,在影视中表示的是影片内容展示给观众的一种叙述手法和表现形式,是通过不同的镜头剪接达到某种表达效果的手法。目前,大多数视频,特别是自媒体、视频讲解等,都是采取蒙太奇的表现手法。本节将讲解蒙太奇分类、镜头组接规律及镜头组接节奏。

5.3.1 蒙太奇的分类

蒙太奇主要分为叙述蒙太奇和表现蒙太奇两类。

1. 叙述蒙太奇

叙述蒙太奇是按照事物发展的规律、内在联系以及时间顺序,把不同的镜头连接在一起,叙述一个情节,展示一系列时间的剪接方法。叙述蒙太奇分为顺叙、倒叙、插叙以及分叙等多种类型。如图5.4是女孩完成跳跃的图片。通过叙述蒙太奇的手法将其中的动作联系起来,把伸手、准备、跳跃三个独立的镜头放在一起,观影的人就会产生一种因果关系。

图5.4 女孩跳跃图

2. 表现蒙太奇

表现蒙太奇又称为列蒙太奇,是根据画面的内在联系,通过画面与画面以及画面与声音之间的变化和冲击造成单个画面本身无法产生的概念和寓意。如图5.5展示的是"海边"和"萌芽"两个独立的镜头,将其放在一起,观影的人就会产生一种联想,这种联想是两个镜头内在的联系,代表着"新生"或是"希望"。

图5.5 "海边"和"萌芽"图

5.3.2 镜头组接规律

为了能够更加明确地表达作者的思想和信息,组接镜头必须符合观众的思维方式以及影片的表现规律。

一般来说,拍摄一个场景,景的发展不宜过分剧烈,否则不容易连接起来。相反,景的变化不大,拍摄角度变化不大,拍出的镜头也比较容易连接起来。由于上述原因,拍摄过程中需要循序渐进。

　　不同的镜头组接顺序可以给观影的人不同的心理体验。例如,拍摄三组镜头,分别是 A 在笑,B 在开枪,A 惊恐万分。如果将这三组镜头以 A 在笑→B 在开枪→A 惊恐万分的顺序播放,给人的感受就是 A 非常害怕。但是如果将这三组镜头以 A 惊恐万分→B 在开枪→A 在笑的顺序播放,给人的感受正好相反:A 很勇敢。因此,一组镜头如何组接,就是考验导演想要表达思想的手段。

5.3.3　镜头组接节奏

　　镜头组接节奏是指通过演员的表演、镜头的转换和运动以及场景变化等因素,使观众能够直接感受人物的情绪、剧情的跌宕起伏、环境的气氛变化。影片的每个镜头都以表现影片的内容为出发点,并在此基础上调整和控制影片节奏。

　　图 5.6 是一组运动镜头,把"赛车"镜头和"摩托艇"镜头放在一起,因为两者的运动方式都是从左至右,并且速度相对一致,同时给人一种"血脉偾张"的感受,所以观影的感觉就会比较好。如果两者的运动方式不一致,就会产生一种突兀的感觉。

图 5.6　"赛车"和"摩托艇"图片

5.4　数字视频的制作过程

　　一段完整的视频需要经过复杂的制作过程,包括取材、整理与策划、剪辑与编辑、后期加工、添加字幕以及添加配音等。

1. 取材

　　所谓取材,可以简单地理解为材料收集。收集原始的或未处理过的图片、视频及音频文件,这些文件要保证一定的清晰度,符合播放标准的分辨率。用户可以通过录像机、数码相机、扫描仪以及录音机等设备收集,收集过程中要保证设备的正确输出,切忌出现手抖、杂音的问题。

2. 整理与策划

　　拥有了众多的素材文件之后,要做的第一件事就是整理杂乱的素材,并通过手中的素材策划出一个视频片段的思路。这就要求策划人员拥有比较扎实的文学功底以及整理归纳材料的能力。

3. 剪辑与编辑

视频的剪辑与编辑是整个制作过程中最重要的一个环节,而且决定着最终的视频效果。因此,用户除了需要拥有充足的素材,还要对编辑软件比较熟练。Premiere 是一款编辑画面质量比较好的软件,有较好的兼容性,可以与其他软件相互协作,被广泛应用于影视制作中。本章以 Premiere Pro CS6 为例进行详细分析。

4. 后期加工

经过了剪辑与编辑后,可以为视频添加一些特效和转场动画。特效主要用于渲染、烘托气氛,增强画面的视觉美感,调动观众的欣赏情趣等。选择特效时,要与画面内容的表达相符,与前后镜头相呼应,保证镜头基调的统一性。而后期加工使得影视作品结构严谨,节奏流畅。

5. 添加字幕

众多的视频编辑软件都提供了独特的文字编辑功能,用户可以在其中展现自己的想象力,利用这些工具添加各种字幕效果。字幕可以修正口语中漏掉的字,修正口误,修正错误的发音等。一套完整的字幕可以为影视作品增光添彩,也会增加观影人员的愉悦感。

6. 添加配音

大多数视频制作都会将配音放在最后一步,这样可以减少不必要的重复工作。音乐的加入可以很直观地传达视频中的情感和氛围。

5.5　数字视频编辑的两种类型

视频编辑有线性编辑和非线性编辑两种方式。本节主要讲解这两种类型。

5.5.1　线性编辑

线性编辑是指源文件从一端进来做标记、分割、剪辑,然后从另一端出去,并利用电子手段,按照需求对原始素材进行顺序剪接处理,最终形成新的连续画面。

线性编辑的优点在于技术比较成熟,操作直观。使用编放机、编录机对原始素材进行直接操作,对图像、声音分别进行编辑,以满足制作需求。

线性编辑系统所需的设备为编辑过程带来众多不便。全套的设备所需资金较多,而且设备连线多,故障频繁发生,维修复杂。线性技术只能按照时间顺序进行编辑,不能删除、缩短或加长中间某一段视频,工作流程比较复杂。

5.5.2　非线性编辑

随着计算机技术的快速发展,非线性编辑应运而生,几乎所有的工作都可以用计算机软件完成。非线性编辑避免了设备故障的频繁发生,更是突破了单一时间顺序编辑的限制。

非线性编辑是指应用计算机图形学、数字图像处理技术,在计算机上操作,最后输出到存储设备上的一系列制作过程。非线性编辑快捷简便,可以对素材进行多次编辑,节省了时间、人力,提高了工作效率。

非线性编辑主要依靠软硬件支持,两者组合称为非线性编辑系统。一个完整的非线性编辑系统主要由计算机、视频卡、声卡、高速硬盘、专用特效卡及外围设备构成。

非线性编辑的工作主要有素材的预览、编辑点定位、素材调整的优化、素材组接、素材复制、特效功能、声音的编辑和视频的合成等。

5.6　Premiere Pro CS6 软件介绍及实例

Premiere Pro CS6 是 Adobe 公司推出的一款优秀的视频编辑软件。其强大的编辑功能和简洁的操作步骤得到了视频制作人员的青睐。

5.6.1　Premiere Pro CS6 软件介绍

启动软件后可以看到 Premiere Pro CS6 的工作界面,主要包含菜单栏、源监视器窗口、节目监视器窗口、项目面板、工具栏及序列面板等。

Premiere Pro CS6 的工作界面如图 5.7 所示。

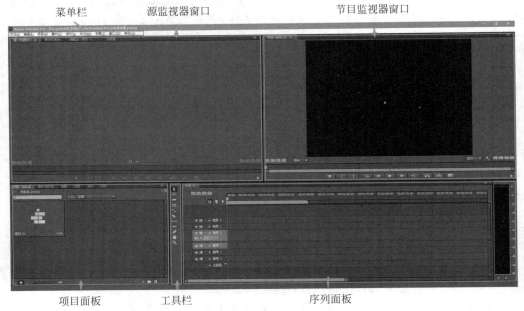

图 5.7　Premiere Pro CS6 工作界面

1. 菜单栏

Premiere Pro CS6 的菜单栏位于工作界面的顶端,包含文件、编辑、项目、素材、序列、标记、字幕、窗口、帮助 9 个主菜单,具体功能如表 5.2 所示。

2. 源监视器窗口

该窗口可以预览素材视频,如图 5.8 所示。与此同时,该窗口结合了特效控制台面板、调音台面板和元数据面板选择区域,如图 5.9 所示。其中比较重要的是特效控制台面板。特效控制台面板编辑的是特效相关参数,通过调节参数做出不一样的效果。

表 5.2　菜单功能表

菜 单 名 称	功　　能
文件	素材的打开，项目的新建、存储、导入导出等
编辑	复制、粘贴、清除等操作
项目	工作项目的设置以及针对项目面板的操作
素材	包括影片剪辑的全部命令
序列	执行序列面板中的所有操作
标记	包括了剪辑和序列中的标记命令
字幕	与字幕相关的修改和设置
窗口	显示或隐藏窗口、面板
帮助	软件的使用帮助

图 5.8　源监视器预览

图 5.9　特效控制台等面板选择区域

3. 节目监视器窗口

该窗口可以监视视频的编辑效果，并且可以设置视频的入点、出点、标记等。该窗口的视频播放与序列面板的时间轴是一一对应的，并且可以实时编辑特效。节目监视器如图 5.10 所示。

4. 项目面板

项目面板主要用于导入及整理素材文件，界面如图 5.11 所示。同时，该界面结合了媒体浏览器面板、信息面板和效果面板等，如图 5.12 所示。其中比较重要的是效果面板，放置了预设、音频特效、音频过渡、视频特效和视频切换 5 类，如图 5.13 所示。通过将某一个特

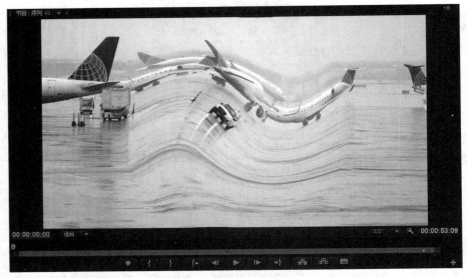

图 5.10　节目监视器预览

效拖曳到视频的序列面板上可以添加该特效。

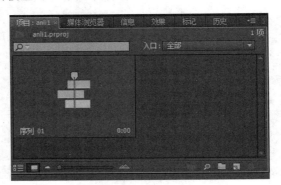

图 5.11　项目面板界面

图 5.12　项目面板中的其他面板选择区域

图 5.13　特效分类图

5. 序列面板

序列面板是软件中编辑视频、音频的重要窗口,如图 5.14 所示。在面板中可以实现对素材的剪辑、插入、调整以及添加关键帧等操作。

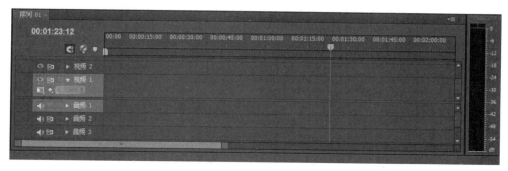

图 5.14　序列面板

6. 工具栏

工具栏位于序列面板的左侧,其工具的功能如表 5.3 所示。

表 5.3　工具功能表

工 具 名 称	功　　能
选择工具	选择某一轨道上的素材,按住 Shift 键的同时单击,可以选择所有轨道
轨道选择工具	选中某一轨道上的所有素材
波纹编辑工具	拖动素材的出入点来改变所选素材的长度,而轨道上其他素材的长度不受影响
滚动编辑工具	调整两个相邻素材的长度。在固定的长度范围内,一个素材增加的帧数必然会从相邻的素材中减去
速率伸缩工具	调整素材播放的速度
剃刀工具	分割素材,将素材分割为两段,产生新的入点和出点
错落工具	改变一段素材的入点和出点
滑动工具	用于保持素材的入点和出点不变,改变前一素材的出点和后一素材的入点
钢笔工具	用于调整素材的关键帧
手形工具	用于改变序列面板的可视区域
缩放工具	用于调整序列面板中显示的时间单位

5.6.2　实例教程

本案例是为了展示 Premiere Pro CS6 的视频制作功能,导入若干素材图像,并添加适当的特效,最终完成视频制作。效果如图 5.15 所示。

1. 导入素材

双击桌面上的启动图标,进入界面首页,如图 5.16 所示。单击“新建项目”按钮,选择存储位置并命名,然后单击“确定”按钮,如图 5.17 所示。单击菜单栏中的“文件”→“导入”按钮,

图 5.15　赛车效果图

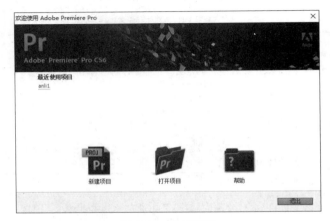

图 5.16　界面首页

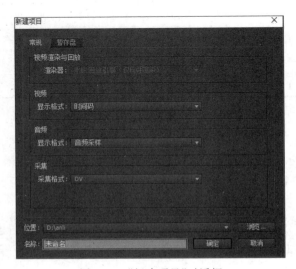

图 5.17　"新建项目"对话框

打开"导入"对话框,单击"打开"按钮,将素材导入到项目面板,如图 5.18 所示。

图 5.18 导入素材

2. 排列素材

导入素材后,将素材拖至序列面板中的视频 1 时间轴处,注意要把图片 checker 放在首位,排列顺序如图 5.19 所示。

图 5.19 素材排列

3. 添加特效

(1) 给图片 checker 添加特效。

打开效果面板,依次选择"视频特效"→"生成"→"镜头光晕"特效,如图 5.20 所示,拖曳到时间轴上的图片 checker 处。打开特效控制台面板,设置参数如图 5.21 所示。效果如图 5.22 所示。

图 5.20 镜头光晕特效

图 5.21　参数设置

图 5.22　镜头光晕效果图

（2）为图片 racing 添加特效。

打开效果面板,依次选择"视频特效"→"扭曲"→"镜头扭曲"特效,如图 5.23 所示,拖曳到时间轴上的图片 racing 处。打开特效控制台面板,设置参数如图 5.24 所示。注意给图片添加 3 个关键帧,并分别设置弯曲值为 0、100、0。效果如图 5.25 所示。

图 5.23　镜头扭曲特效

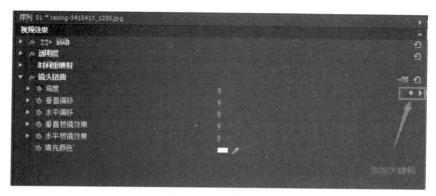

图 5.24 参数设置

图 5.25 镜头扭曲效果图

（3）为图片 charles 添加特效。

打开效果面板，依次选择"视频特效"→"模糊与锐化"→"摄像机模糊"特效，如图 5.26 所示，拖曳到时间轴上的图片 charles 处。打开特效控制台面板，设置参数如图 5.27 所示。注意给图片添加 3 个关键帧，并分别设置模糊百分比为 0、14、0。效果如图 5.28 所示。

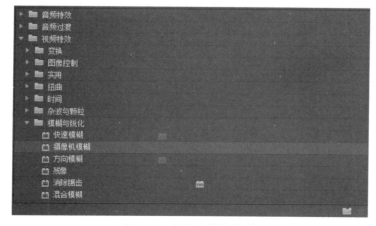

图 5.26 摄像机模糊特效

图 5.27　参数设置

图 5.28　摄像机模糊效果图

（4）为图片之间添加过渡特效。

打开效果面板，依次选择"视频切换"→"卷页"→"翻页"特效，如图 5.29 所示，拖曳到时间轴上的图片与图片之间连接处。添加成功如图 5.30 所示，效果如图 5.31 所示。

图 5.29　翻页特效

翻页特效

图 5.30　两图之间的翻页特效

图 5.31 翻页特效效果图

4. 导出文件

单击菜单栏的"文件"→"导出"→"媒体"按钮,保存文件并导出为视频文件,如图 5.32
所示。

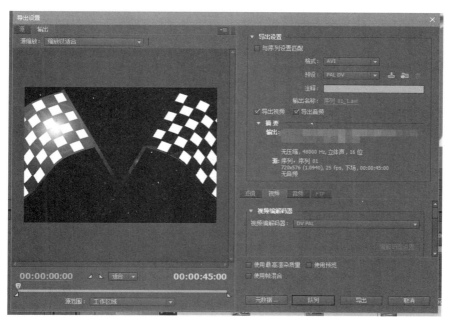

图 5.32 "导出设置"对话框

课后习题

1. 填空题

(1)模拟视频就是由不断连续的_____组成的视频图像。

(2) 模拟信号是指在_____和_____上都是连续且不断变化的信号。

(3) 数字视频是_____的数字图像,数字图像是_____的数字视频。

(4) _____和_____都是影响每一幅画面清晰程度的重要因素。

(5) 蒙太奇主要分为_____和_____两类。

(6) 在视频编辑发展过程中,先后出现了_____和_____两种编辑方式。

2. 简答题

(1) 数字视频的发展历程是什么?

(2) 数字视频格式都包括哪些?

(3) 数字视频的制作过程是什么?

3. 实践题

运用所学知识,结合 Premiere Pro CS6 制作一个动态影集。

参考文献

[1] 王瀛,尹小港. Premiere Pro CS6 影视编辑[M].北京:海洋出版社,2013.

[2] 江永春.数字音频与视频编辑技术[M]. 2 版. 北京:电子工业出版社,2018.

[3] 海天. Premiere Pro CS6 500 例[M]. 中文版. 北京:电子工业出版社,2013.

第 6 章

数字音频处理

6.1 数字音频处理简介

6.1.1 数字音频的定义

声音是由物体的振动产生的,振动停止,声音也会消失。日常生活中所有的固体、液体、气体都是传播声音的介质。同时,声音也是一种波,称作声波,如图 6.1 所示。声音是以声波的形式向四周传播。一般习惯将"声音"和"音频"等同起来。

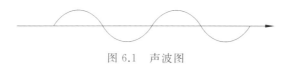

图 6.1 声波图

音频包括频率、振幅和波形 3 个特性。频率指物体在单位时间内振动的次数;振幅指物体振动时偏离中心位置的幅度;波形指声音传播时的形状。这 3 个特性同样适用于数字音频。

什么是数字音频?它是指一个用来表示声音强弱的数据序列,由模拟音频经采样、量化和编码后得到的音频。因为计算机的数据是以 0 和 1 的形式存取的,所以模拟音频存储到计算机中,经由模拟的电平信号转换为二进制数据。当需要计算机播放音频时,再把二进制数据转换为模拟的电平信号,通过喇叭播放出来。数字音频与普通广播、电视中的音频在存储方式上有着本质的区别。总体来说,数字音频具有存储方便、存储成本低、存储和传输的过程中没有声音的失真、编辑和处理非常方便等特点。

6.1.2 数字音频的格式

简单地说,数字音频的格式就是其编码方式。音频格式的最大带宽是 20kHz,速率为 40~50kHz。人耳所能听到的声音频率范围是[20Hz,20kHz],其频率范围如图 6.2 所示。20kHz 以上的音频,人耳是听不到的,因此音频文件格式的最大带宽是 20kHz。接下来介绍一些常用的音频文件格式,如表 6.1 所示。

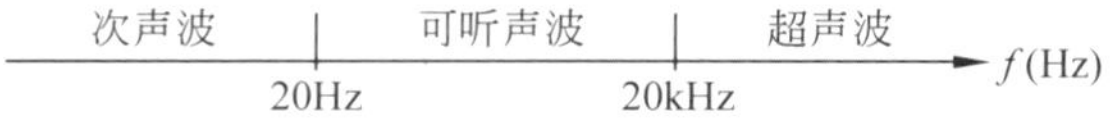

次声波 | 可听声波 | 超声波 → f(Hz)

20Hz   20kHz

图 6.2 声音的频率

表 6.1　常用的数字音频格式

音频格式	定　　义	优　　点	缺　　点
*.CD	CD 音频格式是音质非常高的一种格式,通常以 *.cda 格式出现	标准 CD 格式为 44.1kHz 采样频率,速率为 88kB/s,16 位量化位数,声音接近无损	文件特别大,文件移动传输过程对网络宽带要求比较高
*.WAV	微软公司开发的一种声音文件格式,支持 MSADPCM、CCITTALAW 等多种压缩方法,也支持多种音频位数、采样频率和声道	44.1kHz 的采样频率,速率为 88kB/s,16 位量化位数。市场占有率较高	文件较大,在传输方面受到一定的限制
*.MP3	MP3 全称是动态影像专家压缩标准音频层面 3	一种比较流行的数字音频编码格式。可以大幅度降低音频数据量	有损的压缩格式
*.WMA	微软公司开发的一种声音文件格式	压缩率高于 MP3,音质优于 MP3。加入防拷贝保护	有损的压缩格式
*.OGG	类似 MP3 的音乐格式	免费、开源、便捷,压缩之后占用空间小,支持多个播放器	有损的压缩格式
*.APE	Monkey's Audio 提供的一种无损压缩格式	这种格式的压缩比远低于其他格式,能够做到真正无损	文件很大,不容易传输
*.AAC	AAC 是杜比实验室为音乐社区提供的格式	音质比较好,也能够节省大约 30% 的储存空间与带宽。它是遵循 MPEG-2 的规格开发的技术	有损的压缩格式

6.1.3　音频数字化过程

根据前面的知识可知,由模拟音频经采样、量化和编码后得到的音频就是数字音频。

1. 采样

采样就是每隔一段时间抽取出一个信号,使得原来的连续信号变成一个个的离散信号点。采样过程如图 6.3 所示。

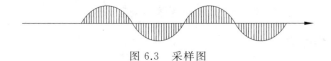

图 6.3　采样图

在采样的过程中,每秒钟采样的次数称为采样频率,用 F 表示。

样本之间的时间间隔称为采样周期,用 T 表示,T = 1/F。例如:CD 的采样频率为 44.1kHz,表示每秒钟采样 44100 次。

在对模拟音频采样时,采样频率越高,音质就越好;采样频率不够高,声音就会出现失真的现象。

2. 量化

量化通过二进制数(0 和 1)把采样后得到的离散信号的幅度表示出来的过程。

每个采样点表示出来的二进制位数称为量化位数。常见的有 8 位、12 位、16 位。量化位数越多,量化的质量越高。量化过程如图 6.4 所示。其中方格代表量化后的结果。可以看到,方格密度越大,方格群组成的图形越趋近于原始波形,说明波形的模拟效果越突出。

图 6.4　量化图

3. 编码

编码就是把采样和量化后得到的数据按照一定的格式记录下来。因此数字音频信号就是模拟音频经过采样、量化和编码后形成的二进制序列,该序列可以以文件的形式保存在计算机的存储设备中。

4. 音频压缩

音频压缩就是在使用计算机的过程中,对要使用的文件进行的数据压缩。音频压缩也是减小数字音频信号文件大小的过程。一般数据的压缩方法都会对音频数据造成不利的影响。在生活中,不同领域对音频压缩品质有着不同要求,如表 6.2 所示。音频压缩又包括无损压缩和有损压缩这两种算法。

表 6.2　音频质量级别

	电　话	宽带音频	调频广播	高质量(CD)音频
频率范围/Hz	200～3400	50～7000	20～15k	20～20k
采样频率/kHz	8	16	37.8	44.1
量化精度/b	8	16	16	16

无损压缩指压缩后的音频没有任何质量及空间方面的损失。有损压缩指压缩后的音频因为算法等方面的原因造成质量方面的损失,该损失是在不影响音频整体质量的前提下产生的。通常情况下,无损压缩率可以达到原文件的 $50\%\sim60\%$,而有损压缩率可以达到原文件的 $5\%\sim20\%$。

5. 声道

声道指每次采样声音波形的个数。单声道每次采样一个声音波形,双声道每次采样两个声音波形。双声道可以产生立体空间效果。

6. 声卡

声卡如图 6.5 所示,指负责录音、放音和合成的一种多媒体控制板卡,计算机都需要配置相应的声卡,以便播放声音以及录制声音等。

6.1.4　数字音频环绕声标准分类

数字音频播放效果的好坏,除了跟音频自身质量有关外,还与多声道播放功能有关,也就是当今流行的环绕声标准认证。

图 6.5　计算机使用的声卡

1. 杜比环绕

杜比环绕（Dolby Surround）是早期杜比多声道电影模拟格式。制作杜比环绕声轨时，左、中、右和环绕声道的音频信息都会通过对矩阵编码后录制在两路声轨上。通过两路声轨实现音频的立体声格式，再把音频放到电视广播节目或录像带里面，这使得杜比环绕成为最初级的环绕声标准。由于计算机技术水平不断提高，技术也随之更替，到现在为止，杜比环绕技术已经很少应用了。

2. 杜比定向逻辑

杜比定向逻辑Ⅱ（Dolby Surround Pro Logic Ⅱ）是改进的矩阵解码技术，也是实现环绕声的方法，其使用较少的声道模拟环绕声效果。利用该技术特点可以将环绕声体验引入汽车音响领域。播放立体声格式的节目时，该技术拥有更佳的空间感及方向感。它不仅能给人带来更优质的空间方向感觉，并且能够营造出令人信服的三维声场。整体技术有着出色的表现。

3. 杜比数码

杜比数码（Dolby Digital）作为杜比实验室创造的新一代家庭影院环绕声系统，早已成为较为广泛的环绕音频标准。其数字化声道包含左前置、中置、右前置、左环绕、右环绕等5个声道，每一个声道都是独立的全频段信号。在5种声道的基础上，还有另外一条"0.1"声道，它实现了超低音效果。将以上声道整合起来就形成了杜比公司非常出名的"5.1"声道。目前，大多数 DVD 节目都支持这个基本的环绕音频格式。

4. 数字化影院系统

数字化影院系统（Digital Theatre System，DTS）分左、中、右、左环绕、右环绕5个声道，加上低音声道，组成 5.1 声道，这一点和杜比数码相同。但 DTS 在 DVD 中标准的数据流量为 1536Kb/s，而杜比数码的数据流量是 384～448Kb/s，最高可提升到 640Kb/s，显然，相比之下 DTS 具体更高的数据流量，也就具有更低的数字压缩比。数据压缩比越低，占用的记录空间越大，但其音质就有可能越好。加之 DTS 采取高比特、高取样率等措施，使之对原音重现的追求就更进了一步，因此 DTS 被很多人认为比杜比数码具有更好的效果。

5. 霍尔曼认证

霍尔曼认证(Tomlinson Holman Experiment,THX)是由卢卡斯电影公司开发和推广的一套电影院音频系统专业标准,也就是 THX 技术。经过公司技术总监汤姆逊·霍尔曼的研究,成功完善了 THX 音响系统,然后在美国各电影院推广,使其成为美国各影院的音响标准。THX 认证对重放器材,如影音源、放大器、音箱甚至连接线材都有一套比较严格而具体的要求,达到这一标准并经卢卡斯认证通过的产品,才授予 THX 标志。随着电影产业的不断发展,THX 技术不断被应用,同时也得到了人们的认可,成为电影界的一种规格。一般来说,通过 THX 认证的系统有着功率大、不失真、范围宽、音乐还原效果好等突出特点,但是价格方面比较昂贵。

6.1.5 数字音频处理应用

每一项技术都有自己的应用领域,数字音频处理在日常生活中更是占据着不可或缺的地位,接下来了解一下数字音频处理技术的应用。

1. 数字音频处理与游戏

在游戏开发中,音效的地位没有游戏中的图像那么重要,但是缺少了音效,游戏也就失去了特色。一款好的游戏少不了背景音效,这包括主角音效、移动音效、怪物音效、技能音效、背景音效、胜利音效、失败音效等。随着计算机的发展,游戏的精度也越来越高,很多游戏中还包含了 3D 音效。目前,用户和开发者比以往任何时候都专注于音效系统的制作。在现代的游戏开发计划中,音效占据了 40%的预算、时间和人力成本。在漫威的一些游戏中,主角的出现都会有各自的背景音效播放,例如《战争机器》如图 6.6 所示。

图 6.6 《战争机器》

2. 数字音频处理与动画、电影、电视剧

随着电影、电视剧产业的发展,观影者在欣赏节目时,关注的不仅是剧情和特效,还有相关配乐,包括人物对话、打斗音效、渲染气氛音效以及主题曲等。可以说音效是一部影视作品的灵魂。例如,《速度与激情》(图 6.7)系列的电影,通过音效表现赛车的激烈感、紧张感、兄弟情义以及爱情等。在动画作品领域,美国迪士尼系列动画(图 6.8)的音效也是非常出名的,作品中经常会用音乐抒发人物之间的情感。日本动画在配乐方面也非常强大,如《你的名字》中的动画一开始就运用美丽的景色和音效将观众带入其中;还有比较出名的《四月是你的谎言》中的音效。这些作品能够得到许多观众的认可,都缺少不了音效发挥的作用。

图 6.7　《速度与激情》

图 6.8　迪士尼系列动画

3. 数字音频处理与音乐

随着数字音频技术的不断发展,越来越多的制作软件可以录制和编辑音乐。音乐的制作流程包括作词作曲、编曲、录音、混音、制作母带、MV 拍摄、专辑发布等,其中录音、混音、制作母带分别代表了数字音频的获取、处理以及存储。这些做好的音频可以通过发布 CD(图 6.9 为专辑封面)、上传网络等方式传达给听者。

4. 数字音频处理与广播

随着数字电视技术的发展,各电视台以及影视机构均搭建了相当数量的数字化演播室系统,并投入使用,正式开始了数字化广播电视节目的生产运营模式。基于光纤架构的大型非线性编辑网络已经逐步成为电视后期制作的骨干装备,承担了电视台或影视机构主要节目、影视剧、广告的数字化制作任务。目前,数字化演播室的音频系统在设计和制作整体解决方案,应对直播节目的安全播控、设备管理以及功能拓展运用方面都形成了一套比较完备的体系。

图 6.9　CD 专辑封面

数字音频处理除了在以上领域中发挥着至关重要的作用,在医学、军事等其他领域也起到举足轻重的地位。

6.2　数字音频处理工具

目前,市场上有关数字音频处理的工具有很多,本节介绍一些常用的音频处理软件。

1. Adobe Audition

Adobe Audition 是一款多声道音频处理工具,具备保存、编辑、控制和特效处理等功能,其拥有的批量处理功能适合专业从事音频工作的技术人员,也是它除了操作简便以外的另一项优于其他音频处理工具的功能。它对硬件的要求非常低,板载声卡也可以用它来制作一些简单的作品,搭载上专业音频接口,音质会更加优良。其加载界面如图 6.10 所示。

图 6.10　Adobe Audition 加载界面

2. Nuendo

Nuendo 是 Steinberg 公司推出的一款专业多轨录音混音工具,拥有优秀的乐器数字接口制作功能。其工作界面如图 6.11 所示。

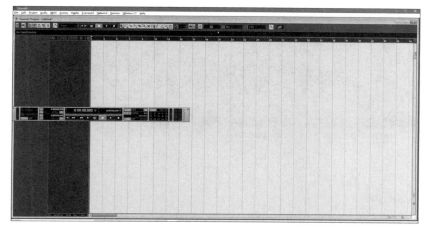

图 6.11　Nuendo 工作界面

3. Pro Tools

Pro Tools 是 AVID 公司开发的一款音频处理软件。它能够胜任现在所有的音频处理工作要求,但要求音频制作人员具有较强的专业性,操作上会更烦琐一些,适合音频专业工作者使用。其工作界面如图 6.12 所示。

图 6.12　Pro Tools 工作界面

4. Samplitude

Samplitude 是一款被众多音频工作者追捧的软件,由 MAGIX 公司开发。该软件具有数字影像制作、模拟视频录制、编辑以及 5.1 环绕声制作功能,可针对市场上主流的音频文件进行编辑和处理。其工作界面如图 6.13 所示。

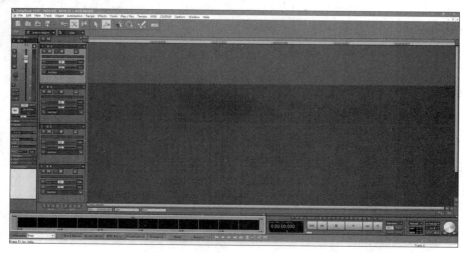

图 6.13　Samplitude 工作界面

5. Cool Edit Pro

Cool Edit Pro 是一款经典的音频处理软件。它是 Adobe Audition 的前身,在硬件方面的要求低于 Adobe Audition。它的界面和 Adobe Audition 十分相似,其工作界面如图 6.14 所示。

图 6.14　Cool Edit Pro 工作界面

6. GoldWave

GoldWave 是一款集播放、编辑、录制为一体的音频处理软件。虽然体积较小,但功能强大。支持的音频文件格式包括 WAV、OGG、VOC、IFF、AIF、MP3、APE 等。它内含丰富的音频特效。其工作界面如图 6.15 所示。

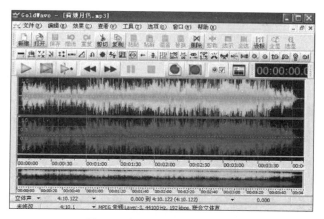

图 6.15　GoldWave 工作界面

6.3　Adobe Audition CS6 软件介绍及实例

6.3.1　Adobe Audition CS6 软件介绍

前面已经讲解了 Adobe Audition 音频处理软件，下面针对 Adobe Audition CS6 版本进行软件介绍。

Adobe Audition CS6 的操作界面主要有菜单栏、工具栏、库面板、编辑器、多功能面板、状态栏，如图 6.16 所示。

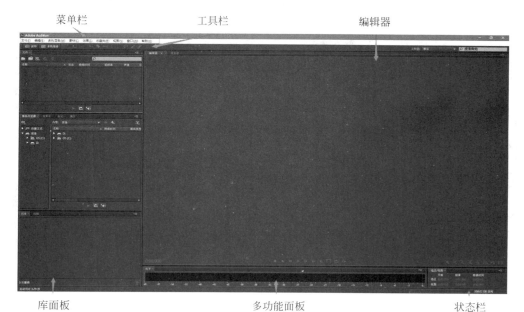

图 6.16　Adobe Audition CS6 操作界面

1. 菜单栏

包含软件所有的操作命令,如文件导入、编辑、插入、特效等。

2. 工具栏

提供常用命令的工具,如移动、套索等。该工具栏有两种显示视图可以选择:波形视图(图 6.17)和多轨混音视图(图 6.18)。工具的功能如表 6.3 所示。

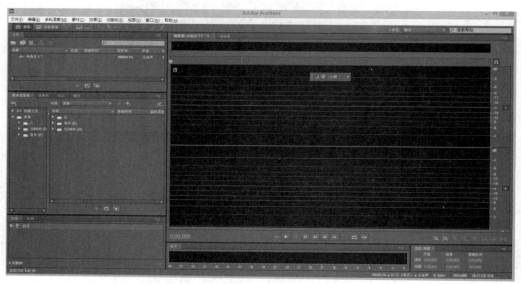

图 6.17　波形视图编辑界面

图 6.18　多轨混音视图编辑界面

表 6.3 工具功能表

工 具 名 称	功 能
移动工具	选择或移动、复制剪辑、改变入点或出点
剃刀工具	切断所选剪辑和切断所有剪辑
滑动工具	改变剪辑的入点和出点
时间选区工具	选取音频文件的频谱区域
笔刷选择工具	通过画笔的方式定义编辑区域
污点修复工具	在频谱上进行细致的修复

3. 编辑器

进行音频波形的显示、编辑和制作的区域,也是频谱区域。它在编辑器的下方,如图 6.19 所示,这里有一系列的控制播放按钮,控制声音的播放与录制。从左到右的按钮依次是停止、播放、暂停、移动播放指示器到前一点、倒放、快进、移动播放指示器到下一点、录制、循环播放、跳过选区。

图 6.19 控制播放按钮

4. 库面板

包括多个面板,具体功能如表 6.4 所示。

表 6.4 面板功能表

面 板 名 称	功 能
文件面板	打开或导入文件
媒体浏览器面板	查找和监听磁盘中的音频文件
效果夹面板	在单轨或多轨界面中为音频文件、素材或轨道添加相应的效果
标记面板	对波形进行添加、删除和合并等操作
属性面板	显示声音文件或项目文件的信息
历史面板	记录用户的操作步骤
视频面板	监视多轨界面中插入的视频文件

5. 多功能面板

包括时间显示区(图 6.20),选区/视图面板(图 6.21),电平面板(图 6.22)。其中时间显示区可以显示插入游标的当前位置、选择区域的起点位置或者播放线的位置,选区/视图面板可以设置音频或音轨的开始点、结束点和长度,进行精确的选择或查看;电平面板是通过电平标尺的峰值来监视录音和播放音量级别。

图 6.20　时间显示区　　　　图 6.21　选区/视图面板

图 6.22　电平面板

6. 状态栏

显示当前处理音频的相关信息,如采样类型、未压缩音频大小、持续时间等。

6.3.2　实例教程

本案例是为了展示 Adobe Audition CS6 的剪切合并功能,通过导入素材音频并选取适当工具,最终完成一个微电影的背景音乐。

1. 新建项目

打开软件,单击工具栏的多轨混音,弹出图 6.23 所示对话框,确认项目名称并选择文件的存储位置。将项目命名为 music1。

图 6.23　新建多轨混音

2. 导入素材

在文件面板中单击▣按钮,找到要处理的音频文件,单击"确定"按钮即可,如图 6.24所示。

3. 编辑素材

导入音频文件后,将选择的音频拖动到刚才建立的名为 music1 的音轨中,完成后如图 6.25 所示。

将两段音频连接在一起。注意:需要再一次将音频拖动至 music1 音轨中,并注意音轨中的波纹是否吻合。选择工具栏中的剃刀工具,将前面的音频末尾处剪开,然后选择移动工具,选中被剪掉部分,按 Delete 键删除,最后再将后面的音频拖动到波纹吻合处,完成后如图 6.26 所示。

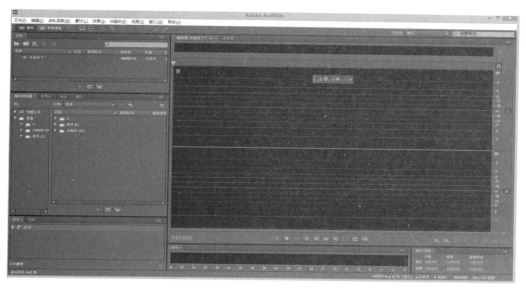

图 6.24 导入音频文件

图 6.25 拖动音频至 music1 音轨中

4. 导出文件

要将做好的音频导出使用，单击菜单栏的"文件"按钮，然后在其子菜单下单击"导出"→"多轨缩混"→"完整混音"按钮，弹出图 6.27 所示对话框。在其中设置导出音频的名称、导出的位置以及格式，其他选项默认即可。

图 6.26　合并音频

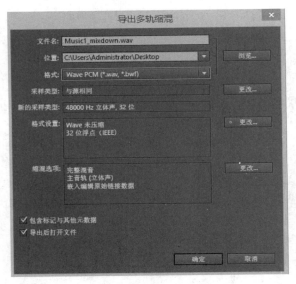

图 6.27　导出音频参数设置对话框

课后习题

1. 填空题

（1）音频包括_____、_____和_____3 个特性。

（2）模拟音频经_____、_____和_____后得到的音频就是数字音频。

2. 简答题

（1）频率的定义是什么？

（2）振幅的定义是什么？

（3）波形的定义是什么？

（4）常用的数字音频格式有哪些？

（5）数字音频环绕声标准分类有哪些？

3. 实践题

运用所学知识，结合 Adobe Audition CS6，制作一个混编音效。

参考文献

[1] 刘清堂,陈迪.数字媒体技术导论[M].北京：清华大学出版社,2012.

[2] 江永春.数字音频与视频编辑技术[M].2 版.北京：电子工业出版社,2018.

[3] 曹强.数字音频规范与设计[M].北京：中国水利水电出版社,2012.

第 7 章

计算机动画

7.1 计算机动画简介

当画面以一定的速率播放,达到了每秒 24 幅图像时,呈现在人眼中的就是一连串连续的动作,也就是动画。动画分为传统动画和计算机动画。传统动画指的是借助于笔纸、木偶等传统方式制作的动画。而计算机技术的发展使计算机动画逐渐发展起来。

7.1.1 计算机动画的概念

计算机动画就是指借用数字图像处理和计算机图形学技术,利用程序脚本或动画制作软件生成的一系列连续画面。计算机动画和数字视频有一定的相同点,都是通过连续播放静止画面产生的动态序列。

7.1.2 计算机动画的分类

计算机动画可以分为二维动画和三维动画。

1. 二维动画

二维动画指的是通过计算机绘制设备,将原动画逐帧输入到计算机中,并完成修改上色工作的一种动画。二维动画技术的发展比较成熟,其镜头语言、色彩、风格等决定了该动画的最终效果。目前,日本的二维动画在创作、制作以及形态表现等方面均取得了不错的成绩。如《火影忍者》《海贼王》等,如图 7.1 所示。

图 7.1 《火影忍者》和《海贼王》人物图

2. 三维动画

三维动画指的是通过计算机技术模拟真实环境和物体,并制作的一种动画。该动画对制作人员的三维建模技术要求较高,不仅能够真实还原现实世界的物体,还要考虑环境的灯光效应、物体的运动轨迹以及其他影响真实感的因素。目前,美国的三维动画在技术方面领先于其他国家。我国的三维动画技术也在加速进步中,近几年出现了一些不错的动画作品,如《哪吒之魔童降世》《秦时明月》等。

7.2　计算机动画的应用领域

7.2.1　教学课件

计算机动画运用在教学课件方面,弥补了传统教材、课件上只有文字、图表和图片等静态信息的不足。动画的内容表现连贯,可以将过程完整地表现出来。视觉、听觉的多感刺激可以显著地增加课堂信息,极大地丰富教学内容。例如,在语文诗词教学中,可以用计算机动画表现诗词的内容和意境,有助于对诗词的理解和记忆,如图7.2所示。

图7.2　语文诗词动画课件

7.2.2　制作电影

计算机动画特别适合科幻片的制作,如制作影片中的恐龙,如图7.3所示。如果不借助计算机,灭绝的恐龙也不可能栩栩如生地出现在电影中。计算机动画用于电影的制作,可以免去制作大量模型、布景、道具,提高效率,缩短周期,降低成本。

7.2.3　游戏动画

利用动画制作软件和脚本可以实现强大的交互性功能,制作出很多精彩的游戏动画作品。这类游戏操作简单、画面精美且可玩性强,因此得到众多玩家的青睐。例如漫威游戏《蜘蛛侠》系列,如图7.4所示。

7.2.4　宣传广告

很多广告公司都开始采用动画制作广告,这样的广告具有画面表现力强、成本低、周期短和改动方便的优点,所以很受广告行业的欢迎。例如著名的玛氏糖果卡通形象,如图7.5所示,如果让真人来代言,就会出现年龄、样貌变化、合同有效期等问题。

图 7.3　动画制作的恐龙效果

图 7.4　《蜘蛛侠》系列人物图

图 7.5　玛氏糖果卡通形象

7.3　计算机动画制作

计算机动画制作流程可以分为 4 个环节。

1. 确定主题,创作剧本

如果观众能够看明白一部动画的内涵和象征,该作品就是一个成功的作品。要想把这个作品讲明白,首先就要确定该作品的主题。主题的类型很多,包括青春校园、热血动作、体育竞赛等。不管哪一类主题,创作者都应使作品逻辑自洽,这样观众才会与作品产生共鸣。

2. 设计角色和动作

角色是一部动画作品的灵魂,动画作品的角色可以是对真实世界的模拟,也可以是对虚拟环境的夸张,甚至可以是二者的结合,但是仍然要注意颜色的搭配、形态的美感等问题,这就要求创作者具备一定的美术功底和专业素养。

3. 搭建环境

环境与角色是统一的，不能有突兀感。在一部动画作品中，环境要根据故事的情节和风格来绘制，同时要标出人物组合的位置、时间。天空、草地、河流以及山峦等结构都要清楚，大小要适中，让人物可以自由地在环境中运动起来。

4. 完善脚本、配音和音效

完成上述环节后，就要将人物、故事、环境搭建在一起，形成一帧动画。利用计算机技术完成每一帧动画的调整和整理，并根据制作情况实时完善剧情脚本，加入配音和音效，才能最终完成一部完整的作品。

7.4 Flash CC 2015 软件介绍及实例

7.4.1 Flash CC 2015 软件介绍

Flash CC 2015 是 Adobe 公司发布的一款专业的动画制作软件。该软件内含强大的工具集，具有排版精确、版面保真和丰富的动画编辑功能，能够帮助用户清晰地传达创作构思。

接下来详细介绍该软件。软件的操作界面主要有菜单栏、场景、属性栏、时间轴面板和工具栏，如图 7.6 所示。

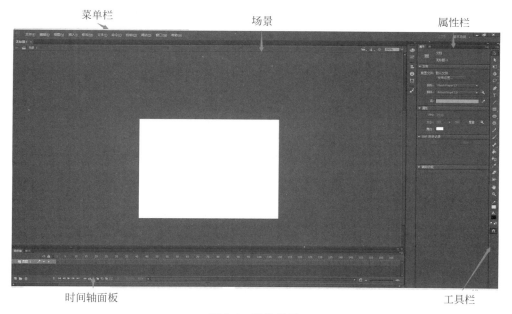

图 7.6 操作界面

1. 菜单栏

菜单栏包含了该软件的所有功能，主要有文件、编辑、视图、插入、命令、帮助等 11 个子菜单。单击执行这些命令可以实现不同的功能。

2. 场景

场景区域是进行动画编辑的区域,包括舞台和工作区。场景的白色区域是舞台,灰色区域是工作区,如图 7.7 所示。二者的区别在于,最终动画仅仅显示舞台的内容,不显示工作区的内容。

工作区　　　　　　　　　　　　　　　　　　　　舞台

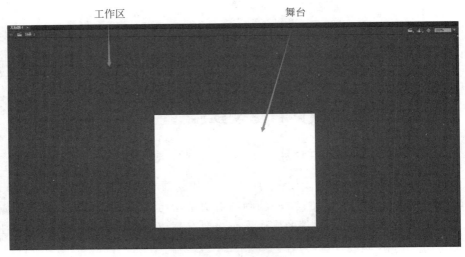

图 7.7　工作区和舞台

3. 属性栏

属性栏显示场景中选定物体的属性,包括坐标、帧数、文档属性、功能参数等。

4. 时间轴面板

时间轴面板非常重要的一个面板。用于组织和控制素材在一定时间内播放的图层数和帧数。该图层类似 Photoshop 软件中的图层概念,就是显示的图像。帧数用来将舞台上的动作连贯在一起,并进行播放。每个图层中包含的帧显示在该图层名右侧的一行中,播放头指示当前显示的帧。

5. 工具栏

工具栏主要由选择工具、变形工具、钢笔工具等组成。具体功能如表 7.1 所示。

表 7.1　工具功能表

工 具 名 称	功　　能
选择工具	选取整体或部分图形,改变形状等
部分选择工具	移动、拖曳图形
任意变形工具	改变图形形状
3D 旋转工具	改变图形旋转角度
套索工具	选择不规则图形

工 具 名 称	功 　 能
文本工具 T	创建文字
铅笔工具 ✐	绘制图形
颜料桶工具 🖌	填充封闭图形颜色
墨水瓶工具 🖌	改变线条颜色
滴管工具 ✐	吸取颜色
橡皮擦工具 ✐	擦除图形

7.4.2　实例教程

本案例是为了展示 Flash CC 2015 的动画制作功能,通过导入素材并添加适当功能,最终完成一个小球遮罩效果动画。

1. 新建项目

打开 Adobe Flash CC 2015。单击菜单栏的"文件"→"新建"命令,打开"新建文档"对话框,或者按下 Ctrl+N 键,在"常规"选项卡中选择 ActionScript 3.0,单击"确定"按钮,即创建一个文档,如图 7.8 中箭头所示。

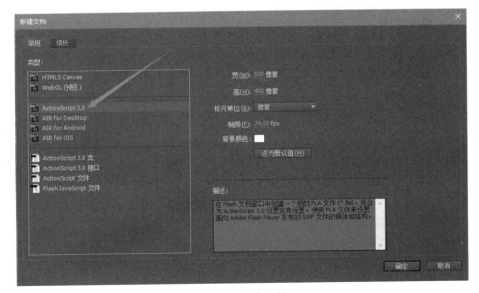

图 7.8　新建文档

选择画布大小,单击黄色数字,设定画布的宽度和高度。宽度为 1280 像素,高度为 860 像素。标尺单位默认为像素。帧频数为 24.00fps,也就是 24 帧/秒。背景颜色设置为白色,如图 7.9 所示。

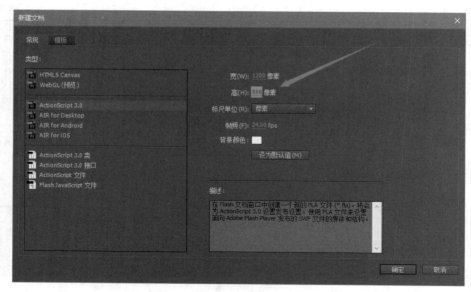

图 7.9　设置参数

2. 导入素材

单击菜单栏中的"文件"→"导入"→"导入到舞台"，如图 7.10 所示。

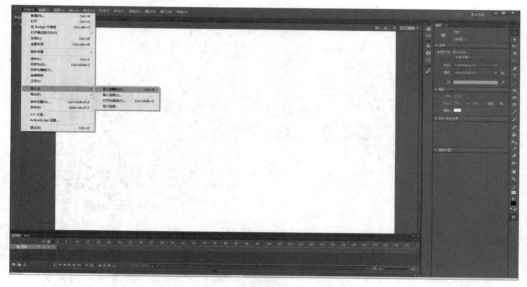

图 7.10　导入素材

选中图片，双击，将图片素材导入到舞台上。效果如图 7.11 所示。

3. 添加遮罩

单击图中箭头位置所示图标，添加一个新的图层（图层 2），如图 7.12 所示。

选中图层 2，再单击工具栏的椭圆工具●，为图层 2 画一个圆形，注意画椭圆的同时按

图 7.11　舞台效果图

新建图层

图 7.12　添加新图层

住 Shift 键,就可以画出正圆形,效果如图 7.13 所示。

图 7.13　绘制圆形效果图

选中图层 2,并右击,在弹出的快捷菜单中选择遮罩层,将圆形更改为遮罩,如图 7.14 所

图 7.14 选择遮罩层

示。更改后的效果如图 7.15 所示。

图 7.15 遮罩效果图

单击图层 1 的锁标识,解锁图层 1,如图 7.16 箭头所指。解锁后的效果如图 7.17 所示。

图 7.16 解锁标识

图 7.17　解锁效果图

4. 添加关键帧,创建补间动画

　　同时选中图层 1 和 2,选择第 50 帧,右击,在弹出的快捷菜单中选择"插入关键帧",如图 7.18 所示。

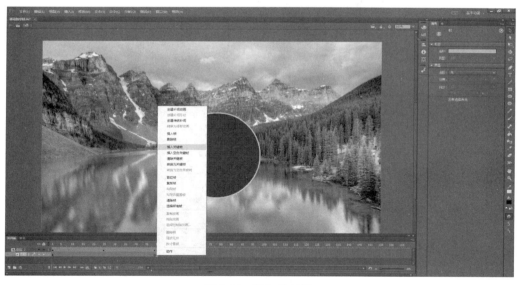

图 7.18　添加关键帧

　　单击图层 2 的锁标识,解锁图层 2,选中图层 2,选择第 1 帧,右击,在弹出的快捷菜单中选择"创建补间动画",效果如图 7.19 所示。弹出转换对话框,如图 7.20 所示,单击"确定"按钮。

　　选中图层 2,选择第 25 帧,然后单击工具栏的选择工具,移动圆形,如向右下角移动图

图 7.19　创建补间动画

图 7.20　转换对话框

形,这时就完成了动画的制作,效果如图 7.21 所示。

图 7.21　第 25 帧移动圆形

选中图层 2,选择第 49 帧,并对圆形进行移动,移动效果如图 7.22 所示。

图 7.22　第 49 帧移动圆形

5. 导出影片

按 Ctrl+Enter 键,测试一下影片,会发现小球沿着指定路线移动了,效果如图 7.23 所示。

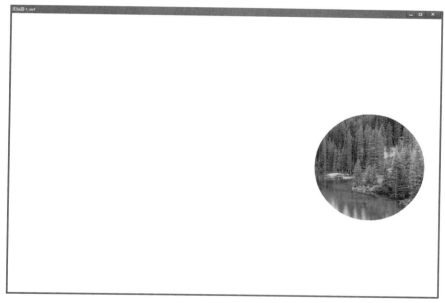

图 7.23　导出动画效果

课后习题

1. 填空题

(1) 动画可以分为_____和_____。

(2) 计算机动画可以分为_____和_____。

2. 简答题

(1) 计算机动画的定义是什么?

(2) 计算机动画的制作流程是什么?

(3) 计算机动画的应用领域有哪些?

3. 实践题

运用所学知识,结合 Flash CC 2015,制作一个遮挡效果。

参考文献

[1] 徐丽萍.Flash 从零开始完全精通[M].上海:上海科学普及出版社,2013.

[2] 刘玉红,侯永岗.Flash CC 动画制作与设计[M].北京:清华大学出版社,2017.

第 8 章

数字游戏开发

8.1 游戏简介

8.1.1 游戏的概念

游戏,是一个以直接获得快感为主要目的,并且必须有主体参与互动的活动。该解释说明了游戏是一个具有明确的目标和规则,并且充满了自由性、趣味性和娱乐性的互动过程。此过程中充满了竞争、机会以及不确定的结果。

8.1.2 游戏的特征

游戏的历史发展,是由一开始的简单重复性活动,到如今的具有规则性的交互过程。其特征也在不断地变化,大体可以分为以下 3 点。

1. 有序性和自由性

有序性,指的是游戏具有一定规则,并不是毫无秩序的。不管是游戏本身的规则还是行为方面的规则,一旦被违背或破坏,都会影响游戏的有序开展。每一个游戏的玩家都必须遵守这一规则。与此同时,游戏玩家又是自由的,不受约束的。在遵守游戏规则的前提下,玩家可以根据自己的知识水平、理解水平解读游戏,从而找到游戏的通关方式。也正是秩序的约束和玩家的自由相结合,玩家玩游戏时才会进入一种和谐、有序的状态。

2. 虚构性和真实性

虚构性,指的是游戏不是平常的、真实的生活,它是走出"真实"生活而进入一个暂时的、虚构的活动领域。玩游戏时,玩家清楚地知道游戏环境的虚构性,所以游戏只是一种愿望和要求的满足,是一种获得愉快体验的手段。但是游戏的过程又是真实的。真实性在于玩家彼此之间是可以沟通和交流的,游戏过程是真实存在的。游戏中的玩家可以不受日常生活的约束,可以利用模仿、想象来表现周围生活。这种虚构的情境和真实的玩家相结合,给游戏带来了一种神秘的色彩。

3. 愉悦性和胜负性

游戏是一种娱乐。玩家通过游戏可以获得一定的快乐,游戏中常常会有许多不确定因素的发生。这种不可预计的偶然性,使玩家能够获得许多意想不到的乐趣。玩家在游戏中没有任何心理负担,不担心游戏以外的任何奖惩,不受日常生活的约束,是轻松的、自由的、快乐的。但是游戏又是有胜负的,玩家需要通过游戏规则判断出胜负,获得心理的或物质的奖励。这种乐趣和胜负性的有效结合,才使得大量的玩家能够被游戏所吸引。

8.1.3　游戏的发展

传统游戏源远流长,和其他体育活动一样起源于劳动、军事活动、文化交流等。它来源于民间,并且代代相传到现在,是以娱乐为主要目的、不受约束的自由活动,但需要遵守一定的游戏规则。随着时间的推移、人们生活方式的改变以及计算机技术的不断进步,传统游戏无法满足人们的日常娱乐要求,因此人们研究出一种结合计算机技术的游戏,也就是数字游戏。

8.2　数字游戏

8.2.1　数字游戏的概念

数字游戏是一个包括计算机游戏、电视游戏、模拟游戏、手机游戏、网络游戏等各种依附于数字设备的游戏。数字游戏是一个综合性概念,并不单指某一种类型的游戏。其概念具有跨媒介特性和历史发展性等优势。数字游戏是基于计算机技术的,但在内容本质上还是可以找到传统游戏的影子。

8.2.2　数字游戏的分类

根据各自的特点,数字游戏大致可分为以下几类。

1. 角色扮演类游戏

角色扮演类游戏是最受欢迎的游戏类型之一。在游戏中,玩家负责扮演一个或多个角色,在一个虚构的世界中活动,并通过一些行动使其所扮演的角色发展和升级。玩家在这一过程中的成功与失败取决于一个规则或行动方针的判决系统。如《最终幻想》系列如图8.1所示,《失落奥德赛》如图8.2所示。

图 8.1 《最终幻想》系列　　　　　　图 8.2 《失落奥德赛》

2. 动作类游戏

动作类游戏是以"动作"作为主要表现形式的一种游戏,动作类游戏广义上也包含射击类游戏和格斗类游戏。如《高达无双3》如图8.3所示,《刺客信条》如图8.4所示。

图 8.3 《高达无双 3》

图 8.4 《刺客信条》

3. 射击类游戏

射击类游戏是动作类游戏的一种,为了区别两者,只利用射击这一途径完成目标的游戏称为射击类游戏。射击类游戏倾向于利用视角的不同来区分游戏类型。如《杀戮地带 2》如图 8.5 所示,《使命召唤 5》如图 8.6 所示。

图 8.5 《杀戮地带 2》

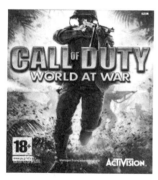

图 8.6 《使命召唤 5》

4. 冒险类游戏

冒险类游戏侧重探索未知、解决谜题等情节化和探索性的互动。玩家扮演一个角色,在故事情节的指引下使用各种道具,揭开各种谜底,最终破解秘密,完成冒险。如《三国无双 3》如图 8.7 所示,《寂静岭 5》如图 8.8 所示。

图 8.7 《三国无双 3》

图 8.8 《寂静岭 5》

5. 模拟类游戏

模拟类游戏是模拟现实生活的环境和物体,培养玩家分析不同情况的能力。模拟类游戏一般没有明确的目的,是开放式的结局。如《红色警戒》系列如图 8.9 所示,《魔界战记 3》如图 8.10 所示。

图 8.9　《红色警戒》系列　　　　　图 8.10　《魔界战记 3》

6. 格斗类游戏

格斗类游戏具有明显的动作类游戏特征,也是动作类游戏的重要分支。画面通常是玩家分为两个或多个阵营相互作战,使用格斗技巧击败对手来获取胜利。如《刀魂》如图 8.11所示,《街霸Ⅱ》如图 8.12 所示。

图 8.11　《刀魂》　　　　　　　　图 8.12　《街霸Ⅱ》

7. 体育类游戏

体育类游戏指的是模拟体育比赛的游戏,需要玩家具有一定的体育专业知识。此类游戏在技能方面模仿某项运动;在战术方面设定某种战术;在管理方面培养某种球员。如《实况足球》系列如图 8.13 所示,《NBA2K》系列如图 8.14 所示。

8.2.3　数字游戏开发工具

如今,国内外游戏开发商常用的游戏引擎有 Unreal 4、CryEngine 3、Gamebryo、Unity 3D。使用比较广泛的是 Unreal 4 和 Unity 3D。

1. Unreal 4

也就是虚幻 4 游戏引擎。该引擎是一套完整的构建游戏、模拟和可视化的集成工具,能

图 8.13 《实况足球》系列

图 8.14 《NBA2K》系列

够满足创作者的设计愿景，也具备足够的灵活性，可满足不同规模的开发团队需求。其特点包括实时逼真渲染、专业动画与过场、健全的游戏框架、灵活的材质编辑器、先进的人工智能以及源代码开源。其可支持的平台包括手机移动平台、计算机平台以及游戏机平台等。其操作界面如图 8.15 所示。

图 8.15 Unreal 4 操作界面

2. Unity 3D

是由 Unity Technologies 公司开发的一个全面整合的专业游戏引擎。该引擎可以让玩家轻松创建多种类型的游戏。其特点包括跨平台、开发相对简单、渲染效果好等。其编辑器运行在 Windows 和 Mac OS X 下，可发布游戏至 Windows、Mac、Wii、iPhone、WebGL（需要 HTML5）、Windows phone 和 Android 平台。其开始界面如图 8.16 所示。

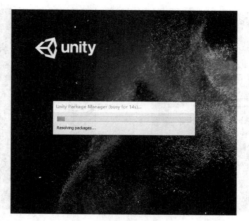

图 8.16　Unity 3D 开始界面

8.3　Unity 3D 2020 软件介绍及实例

8.3.1　Unity 3D 2020 软件介绍

Unity 3D 2020 需要由 Unity Hub 下载并安装,才能打开。打开 Unity Hub,单击"安装"按钮,弹出图 8.17 所示对话框。勾选推荐版本 Unity 2020,单击"下一步"按钮,完成安装,界面如图 8.18 所示。

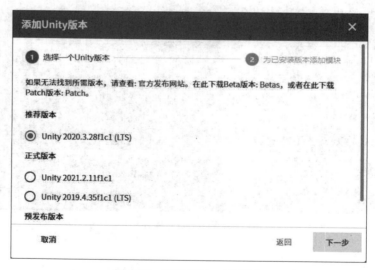

图 8.17　安装 Unity 3D 版本

打开 Unity Hub,依次单击"项目"→"新建",弹出"创建新项目"对话框,如图 8.19 所示,填入保存位置及项目名称等,单击"创建"按钮。注意,存放项目的位置不要出现中文。打开操作界面,包括菜单栏、工具栏、场景窗口、游戏窗口、层级面板、项目面板、属性面板,如图 8.20 所示。

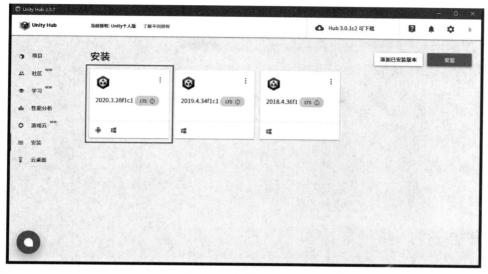

图 8.18 安装成功界面

图 8.19 "创建新项目"对话框

1. 菜单栏

包括文件、编辑、资源、游戏对象、组件、窗口、帮助 7 个子菜单，包含该引擎的所有功能。

2. 工具栏

包括移动、旋转、播放等工具，具体功能如表 8.1 所示。

菜单栏　　　　　工具栏　　　　　场景窗口　　　　层级面板　　项目面板　　属性面板

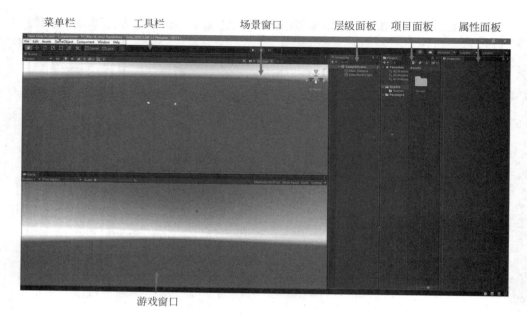

游戏窗口

图 8.20　操作界面

表 8.1　工具功能表

工 具 名 称	功　　能
手柄工具	拖动视角,用于改变场景视图
移动工具	选择物体,物体会出现方向轴,拖动方向轴移动物体
旋转工具	选择物体,物体会出现旋转轴,拖动旋转轴旋转物体
缩放工具	选择物体,物体会出现缩放方向轴,拖动可缩放物体大小
矩形工具	控制 UI 的移动、大小
控制播放按钮	控制游戏窗口的播放、暂停和下一帧

3. 场景窗口

此窗口为构建布置素材的窗口,设计的游戏都会在该窗口中显示。

4. 游戏窗口

此窗口是用来渲染游戏物体的,其中可以看到完整的游戏效果。播放时执行所有的物体组件和程序,但在此窗口中不能进行编辑。

5. 层级面板

此面板涵盖了当前场景中需要的所有游戏物体。Unity 3D 使用父子对象的概念,即一个子对象将继承其父对象的移动和旋转等属性。注意:层级面板中的对象与场景窗口中的物体是一一对应的。

6. 项目面板

此面板显示项目文件中的所有资源列表。在此面板中可以创建项目所需的各种资源,包括脚本、材质等。

7. 属性面板

此面板包括了当前选择物体的组件及其属性的相关信息,并可以修改属性的任意参数。

8.3.2 实例教程

本案例是为了展示 Unity 3D 2020 的游戏制作功能,通过导入素材并添加适当功能,最终完成一个消失的小块游戏。

1. 新建项目和场景

根据 8.3.1 的讲解新建一个项目,并依次单击项目面板的"+"→"Scene",如图 8.21 所示。执行该操作 2 次,创建 2 个 Scene,分别命名为 menu 和 main,创建成功后在项目面板中出现图 8.22 中 Scene 的图标。

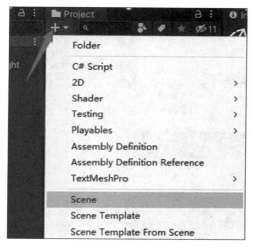

图 8.21 新建 Scene

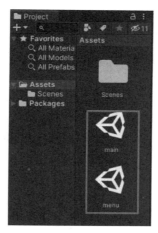

图 8.22 Scene 图标

2. 新建开始界面

双击场景 menu,表示当前的操作场景是 menu。单击场景窗口的 2D 视角 2D,将视角转换成 2D。依次单击层级面板的"+"→"UI"→"Panel",创建一个界面背景,如图 8.23 所示。创建成功则在层级面板中出现 Panel 字样,如图 8.24 所示。

将素材拖曳到项目面板,单击该素材,修改其属性面板中的 Texture Type 类型为 Sprite(2D and UI),如图 8.25 所示,完成素材类型的转换。

单击"Panel",将 Sprite 类型的素材拖曳到 Panel 属性面板中的 Source Image 处,如图 8.26 所示。单击 Color 右侧的白框处,弹出参数对话框,将 A 的值改为 255,如图 8.27 所示。修改之后界面的背景效果如图 8.28 所示。

右击 Panel,依次单击"UI"→"Button",如图 8.29 所示。创建一个 Button 按钮,并选择移动工具,将按钮放在适合的位置,如图 8.30 所示。

依次单击项目面板的"+"→"C♯ Script",创建一个脚本,命名为 turn,其功能是完成场景跳转,即单击"Button"按钮时跳转到下一个场景中。脚本编写内容如下。

图 8.23　新建 Pane

图 8.24　Panel 字样

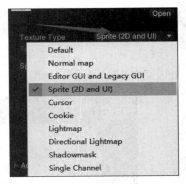

图 8.25　Sprite 类型

图 8.26　Source Image 的位置

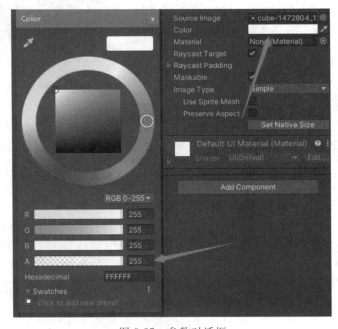

图 8.27　参数对话框

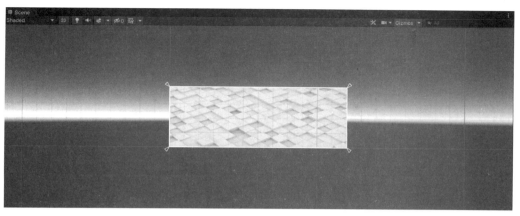

图 8.28　背景效果图

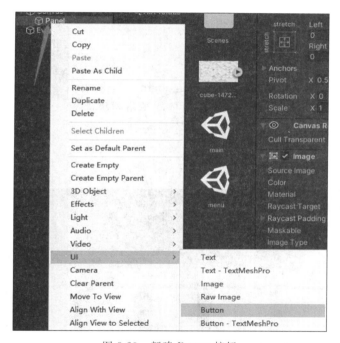

图 8.29　新建 Button 按钮

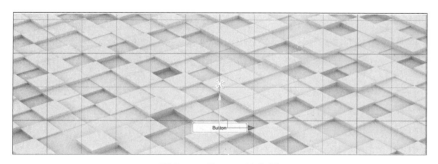

图 8.30　Button 的位置

```
using System.Collections;
using System.Collections.Generic;
using UnityEngine;
using UnityEngine.SceneManagement;
public class turn : MonoBehaviour
{


    public void OnStartGame(int SceneNumber)
    {
        SceneManager.LoadScene(SceneNumber);


    }
}
```

将脚本 turn 拖曳到 Button 的属性栏中。单击 Button 属性栏中 On Click()右下角的
"+",将层级面板的 Button 拖曳到 None 处,展开 No Function,依次选择 turn→OnStartGame,
并将 0 改为 1,完成后如图 8.31 所示。

3. 新建游戏场景

双击场景 main,表示当前的操作场景是 main。单击场
景窗口的 2D 视角 ，将视角转换成 3D。再依次单击层级面
板的"+"→"3D Object"→"Cube",创建一个立方体。再复
制多个立方体,并摆放在适当的位置,调整 Main Camera 的
位置,使其可以看到所有的立方体,效果如图 8.32 所示。

图 8.31　On Click()赋值

图 8.32　立方体摆放效果图

依次单击项目面板的"+"→"C♯ Script",创建一个脚本,命名为 rayclick,其功能是完
成射线发射,使立方体消失,即玩家单击时指定的立方体消失。脚本编写内容如下。

```
using System.Collections;
using System.Collections.Generic;
using UnityEngine;
public class rayclick : MonoBehaviour
{
```

```
void Update()
{
    if (Input.GetMouseButton(0))                    //当单击时
    {
        Ray ray = Camera.main.ScreenPointToRay(Input.mousePosition);  //发出射线
        RaycastHit hit;                              //射线命中的对象
        if (Physics.Raycast(ray, out hit, 100f))    //最大长度设置为 100f
        {
            Destroy(hit.collider.gameObject);
        }
    }
}
```

将该脚本拖曳到 Main Camera 的属性栏中。

4. 导出游戏

单击菜单栏的"File"→"Build Setting",弹出对话框。将项目面板中的 menu 和 main 拖曳到 Scene In Build 的下方,效果如图 8.33 所示。

图 8.33 设置对话框

单击"Build"按钮,选择文件的存放位置,即可完成游戏的导出。

课后习题

1. 填空题

(1) 数字游戏是一个包括_____、_____、_____、_____、_____等各种依附于数字设备的游戏。

(2) 国内外游戏开发商使用比较广泛的开发引擎是_____和_____。

2. 简答题

(1) 游戏的定义是什么?

(2) 游戏的特征包括哪些?

(3) 数字游戏的分类包括哪些?

3. 实践题

运用所学知识,结合 Unity 3D 2020,制作一个第一人称游戏。

参考文献

[1]　吴雁涛. Unity 2020 游戏开发快速上手[M]. 北京：清华大学出版社，2021.

[2]　胡昭民. 游戏设计概论[M]. 6 版. 北京：清华大学出版社，2021.

第 9 章

虚拟现实技术

9.1 虚拟现实技术简介

9.1.1 虚拟现实技术的定义

虚拟现实技术(Virtual Reality,VR),也称为灵境技术,是仿真技术的一个重要方向。它指的是利用计算机技术生成一个具有逼真的视觉、听觉、触觉等的虚拟环境,用户通过头盔、手套等外部设备与虚拟环境交互,从而产生真实体验的技术。

9.1.2 虚拟现实技术的原理

虚拟现实技术融合了多种技术,主要包括实时三维计算机图形技术、感觉反馈技术、眼动跟踪技术、语音技术、全身追踪技术。

1. 实时三维计算机图形技术

要使用户在虚拟环境中产生身临其境的感觉,三维模型至关重要。目前,大多数的实现方法是事先建好模型,并根据环境、灯光等外部条件对模型进行烘焙,再将其放入到虚拟环境中。这样做,即使模型复杂度再高,依赖的仍然是计算机的 CPU,节省了 GPU 的计算性能,但是局限在于非实时应用。到 21 世纪初,GPU 的计算性能逐步超过 CPU,如何在 GPU 上进行真实感三维图形实时计算,成为学术界和工业界共同关注的问题。与此同时,每一个物体都有自己的形状与材质,它们组成了流光溢彩的真实世界。如何在数字世界里逼真地"描述"和"绘制"这些物体,也是真实感三维图形实时计算研究的目标。

2. 感觉反馈技术

感觉可以分为两个分支:一个是动觉,用来感受力和力矩,例如感知物体的形状、重量和硬度;另一个是触觉,用来感受震动、温度、切向力等,从而反映出物体的纹理、粗糙度等。在现实生活中,这些因素都是同时对人类的感觉产生影响,让我们对手中的物体产生认知。然而,目前的感觉反馈技术仅仅只能对震动进行模拟,这对于感觉反馈来说显然十分不够。

3. 眼动跟踪技术

目前,眼动跟踪方法可以分为探查线圈记录法、红外线法、电流记录法和视频记录法等,每一种方法都拥有优缺点。这足以证明眼动跟踪本身具有一定的难度和差异性,该技术已经发展到可以用屏幕、网络摄像头和眼镜中的眼动追踪器来捕捉和测量眼睛位置和运动的程度。科学家们一直在研发眼动跟踪技术,以提高人们表达自己的能力,同时也用于注视点渲染。人与人之间的生物学差异非常大,尤其是散光的眼睛很难获得全面覆盖。覆盖率意味着眼动追踪适用于100%的用户,对中心点渲染的要求特别高。

4. 语音技术

在方向上,人们靠声音强度的差别及相位差来确定声音的方向,因为声音到达两耳的距离或时间有所不同。常见的立体声效果就是靠左右耳听到的在不同位置录制的不同声音来实现的,所以会有一种方向感。在虚拟现实系统中,保证声音的立体效果就显得很重要,同时语音的输入输出也很重要。这就要求虚拟环境能听懂人的语言,并能与人实时交互。而让计算机识别人的语音是相当困难的,因为语音信号和自然语言信号具有"多边性"和复杂性的特点。

5. 全身追踪技术

目前,全身追踪可以通过一些传感器完成,但一般采用外部设备连接进行追踪,或者需要单独摄像头进行追踪。采用外部跟踪设备操作过程烦琐,并不适用于客户端体验,且外部设备一般很难实现轻量化等问题。而使用单个摄像头捕捉画面追踪极易造成追踪失败。

9.1.3 虚拟现实技术的特征

虚拟现实技术的发展日新月异,总体来说需要符合以下3个特征。

1. 多感知性

指除视觉感知外,还有听觉感知、味觉感知、嗅觉感知、触觉感知、运动感知等其他感知。人们在虚拟世界中的感受应该是多方面的,例如在虚拟世界中看到一张桌子,用手去触摸桌子时会有触觉感知。这些都是对现实世界的一种模拟。

2. 沉浸感

指用户在虚拟世界中感受到的真实程度。真实感越强,代表沉浸感越好。影响沉浸感的因素大体可以分为硬件和算法两部分。硬件设备的重量、舒适度等是直接影响用户体验的外部因素。程序算法,如光照模型、消隐算法、实时建模算法等是影响用户是否相信虚拟世界的内部因素。

3. 交互性

指用户对虚拟世界中物体的可控制程度和得到其反馈的自然程度。用户不仅可以利用键盘、鼠标进行交互,而且能够通过头盔、数据手套等传感设备进行交互。计算机能根据用户的头、手、眼、语言及身体的运动来调整系统呈现的图像及声音。

9.1.4 虚拟现实技术的应用

进入21世纪,虚拟现实技术得到了快速发展,各行各业都积极加入到虚拟现实技术中来,也就产生了各种各样的VR应用。

1. VR看房应用

在看房过程中,传统手段如沙盘、效果图、平面图等都有一定的局限性。而VR看房可以使用户从任意的角度实时看到房间效果。该应用以虚拟现实技术平台为基础,用计算机技术将房间建筑的外观、小区绿化、户型等变成三维模型或全景图,并加入交互,使用户可以自由地"进入"室内外漫游观看,实时查询信息。如选择家具款式如图9.1所示。这样不仅节省了时间,还使用户获得身临其境般的体验。

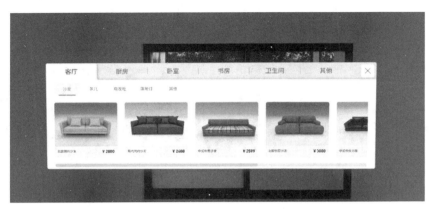

图 9.1 在 VR 软件中选择家具款式

2. VR 古迹复原应用

如今,许多名胜古迹因战乱、年代久远、老化腐蚀等人为或自然因素遭到损毁,后人无法一睹其真容。虚拟现实技术可以"真实"再现古迹,如图9.2所示的铜奔马模型以及介绍使文物脱离地域限制,实现资源共享,能让人置身其中游览,真正成为全人类可以"拥有"的文化遗产。

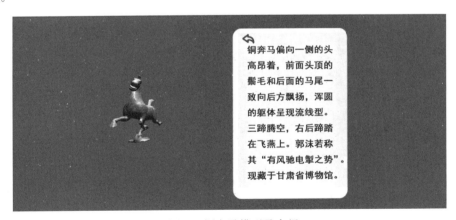

图 9.2 铜奔马模型及介绍

3. VR 辅助医疗应用

在医疗领域可以建立虚拟的人体模型,学生可以很容易地了解人体内部的各器官结构,这比现有的教科书方式要有效得多。VR 已经逐步运用,如研究人员尝试利用 VR 来治疗焦虑症和恐惧症,以及利用 VR 来进行模拟口腔治疗,如图9.3所示。这种医疗模式极大地减少了医疗资源浪费。

4. VR 仿真实验

VR 仿真实验是指借助于多媒体、仿真和虚拟现实等技术,在计算机上营造可辅助、部

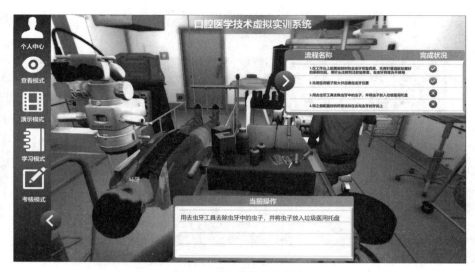

图 9.3　VR 模拟口腔治疗

分替代甚至全部替代传统实验操作环节的相关软硬件操作环境。实验者可以像在真实的环境中一样完成各种实验项目,所取得的实验效果等价甚至优于在真实环境中取得的效果。如电路仿真实验如图 9.4 所示。虚拟现实技术越来越多地用于实验和实践教学。自教育部开展国家级虚拟仿真实验教学中心的评审以来,国内高校陆续开展了多种模式的虚拟实验建设项目。

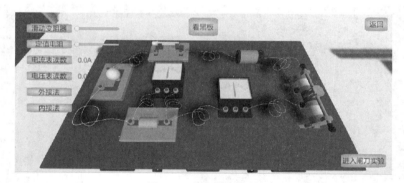

图 9.4　电路仿真实验

9.2　虚拟现实设备简介

目前,市场上有 3 种类型的虚拟现实硬件设备,分别是: 连接计算机的 VR 设备,指的是该设备必须要连接计算机才能正常运行,由计算机计算数据和渲染图形,再通过数据线传到头部显示器的 VR 设备,包括 Oculus Rift S、HTC Vive Pro2 等。VR 一体机设备,指的是开箱即可用的设备。该设备具有内置处理器、传感器、电池、存储内存和显示器,因此不需要连接到计算机或智能手机,包括 Vive Focus 3、Oculus Quest 2、Pico Neo 3。手机 VR 盒子,指的是通过连接手机达到观看 VR 效果的设备。包括 Gear VR 4、暴风魔镜。其中连接计算机的 VR 设备属于主流设备,本节主要介绍此类设备。

9.2.1 HTC Vive Pro2 简介

HTC Vive Pro2 拥有定位器、操控手柄以及头戴式显示设备,如图 9.5 所示。凭借激光精准度、房间规模大小的追踪技术和新一代的视觉效果,为用户带来强烈的沉浸式体验。

图 9.5 HTC Vive Pro2 套装

在显示技术方面,HTC Vive Pro2 有着行业领先的 5K 保真度,通过 4896×2448 分辨率呈现更精准的细节。同时,120°的广视角扩大了观看视野,更好地匹配人眼视觉体验。120Hz 的刷新率保证了视觉体验的流畅度。

在运动追踪方面,该设备通过精确的 SteamVR 追踪功能,360°覆盖用户运动轨迹。

在音效技术方面,该设备集成了 3D 立体音效和强大的扩音器,打造身临其境的感觉。

9.2.2 HTC Vive Pro2 驱动的安装与使用

要正确使用 HTC Vive Pro2,除了保证硬件设备的正确安装,还要下载 Vive 的驱动程序。其下载地址为 https://www.vive.com/cn/setup/pc-vr/。单击 下载 VIVE 安装程序 按钮,下载驱动程序并安装。在安装过程中,需要选择设备型号,并按照提示操作来设置 Vive 驱动程序和硬件。安装成功后,如设备检测正确,将出现图 9.6 所示的对话框。

图 9.6 "安装正确"对话框

9.3 Steam VR 2.7.3 框架介绍及实例

9.3.1 Steam VR 2.7.3 框架介绍

目前,公司、高校和机构开发虚拟现实产品时,常用的搭配是 HTC Vive 系列设备 +

Unity 3D＋Steam VR 组合,其中 Steam VR 是 Valve 公司开发的,专门用来开发虚拟现实产品的插件。

本节以 HTC Vive Pro2 为设备,Unity 3D 2020 为软件,Steam VR 2.7.3 为开发插件进行讲解。首先打开 Unity 3D 2020,新建项目,单击菜单栏的"Window"→"Asset Store",场景面板中出现图 9.7 所示的对话框,单击"Search online"按钮,打开 Asset Store 网页,在搜索窗口中输入 SteamVR,搜索结果如图 9.8 所示。单击图标跳转至 SteamVR Plugin 2.7.3 的安装页面,单击"添加至我的资源"按钮,添加成功后,单击"在 Unity 中打开"按钮。此时,Unity 3D 的 Package Manager 中会出现 SteamVR Plugin,如图 9.9 所示。单击"Download"按钮,完成下载。单击"Import"按钮,成功后出现图 9.10 所示界面。

图 9.7　Asset Store 对话框

图 9.8　SteamVR Plugin

注意:单击菜单栏的"Edit"→"Project Setting",打开 Project Setting 面板,单击面板左侧的 XR Plug-in Management,右侧显示 OpenVR Loader 处于勾选状态,如图 9.11 所示。

如果出现错误提示"[OpenVR] Could not initialize OpenVR. Error code:Init_PathRegistryNotFound",则需要取消勾选图 9.11 中的"Initialize XR on Startup"。

单击菜单栏的"Window"→"SteamVR Input",弹出图 9.12 所示对话框。在其中可以设置手柄按钮。

Steam VR 2.7.3 只关注动作,不关注按键。开发者只需要在 SteamVR 中把动作和按键绑定就行。动作采用"做出某个动作发生什么事情"的思想。In 代表输入动作;Out 代表输出,目前仅有震动。动作 In 包括 6 种类型,分别是 Boolean 类型、Vector1 类型、Vector2 类型、Vector3 类型、Pose 类型、Skeleton 类型。其具体功能如表 9.1 所示。

图 9.9　SteamVR Plugin 下载界面

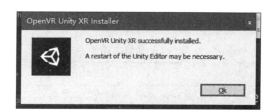

图 9.10　安装成功界面

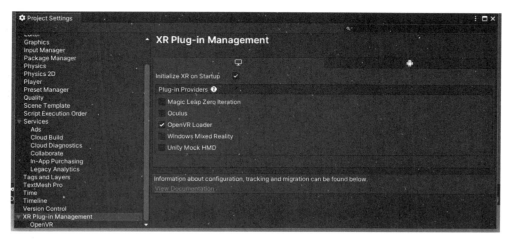

图 9.11　Project Setting 面板

图 9.12　SteamVR Input 对话框

表 9.1　类型功能表

类 型 名 称	功　　　　能
Boolean 类型	代表只有两种状态的动作：True 或 False
Vector1 类型	能够返回 0～1 的数值
Vector2 类型	能够返回二维数值。控制物体在 4 个方向的运动
Vector3 类型	能够返回三维数值
Pose 类型	表示三维空间中的位置和旋转
Skeleton 类型	能够获取用户在持握手柄控制器时的手指关节数据

9.3.2　实例教程

　　在 Steam VR 2.7.3 的官方案例中打开 Unity 3D 属性面板中的文件夹，即选择"SteamVR"→"InteractionSystem"→"Samples"，双击打开 Interactions_Example 场景，如图 9.13 所示。这个场景中有该插件的所有交互方式及实现方法，读者可以自行学习。

　　本节讲解自编程序来调用手柄按键的方法。

　　打开 Unity 3D 属性面板中的文件夹 SteamVR，双击打开 Simple Sample 场景。该场景展示的是用 HTC Vive Pro2 的头盔观看一个跳动的球。层级面板中有一个物体的名字为［CameraRig］，包含 3 个物体，分别是 Controller（left）、Controller（right）、Camera，如

图 9.14 所示。分别代表左手手柄、右手手柄和头盔。

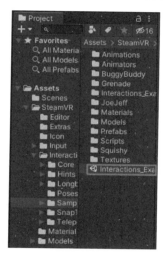

图 9.13　Interactions_Example 场景

图 9.14　展开 CameraRig

控制手柄按键的 3 种编程方法如下。

第 1 种方法：创建一个 C♯ 脚本，命名为 control01。添加内容如下。

```
using Valve.VR;
void Start()
    {
SteamVR_Actions.default_GrabGrip.onStateDown += Default_GrabGrip_onStateDown;
    }
        private void Default _ GrabGrip _ onStateDown (SteamVR _ Action _ Boolean
fromAction, SteamVR_Input_Sources fromSource)
        {
        Debug.Log("down");
        }
```

该脚本通过一个监听函数来判断左右手柄是否被按下。fromAction 是监听左右手柄，可以用它来判断。

第 2 种方法：创建一个 C♯ 脚本，命名为 control02。添加内容如下。

```
using Valve.VR;
void Update()
    {
        if (SteamVR_Actions.default_GrabGrip.GetStateDown(SteamVR_Input_Sources.
LeftHand)) {
        Debug.Log("down");                //输出 down
        }
    }
```

该脚本是在更新函数（Update）中进行左手手柄是否被按下的判断，通过参数 SteamVR_Input_Sources.LeftHand 进行传递。

第 3 种方法：创建一个 C♯脚本，命名为 control03。添加内容如下。

```
using Valve.VR;
void Update()
    {
        if (SteamVR_Actions.default_GrabGrip.stateDown) {
            if (SteamVR_Actions.default_GrabGrip.activeDevice==SteamVR_Input_
Sources.LeftHand) {
                Debug.Log("down");                    //输出 down
            }
        }
```

该脚本是在更新函数（Update）中进行左手手柄是否被按下的判断，通过参数 SteamVR_Actions.default_GrabGrip.activeDevice== SteamVR_Input_Sources.LeftHand 传递。

把脚本拖曳到［CameraRig］的属性面板中，单击播放按钮▶，扣动手柄两侧的 Grab 键，在 Console 窗口处输出 down，如图 9.15 所示。

图 9.15　输出结果

课后习题

1. 填空题

（1）感觉可以分为两个分支：_____和_____。

（2）眼动跟踪方法可以分为_____、_____、_____和_____。

2. 简答题

（1）虚拟现实技术的定义是什么？

（2）虚拟现实技术的原理是什么？

（3）虚拟现实技术的特征是什么？

3. 实践题

运用所学知识，结合 Steam VR 2.7.3，制作一个手柄拾取物体效果。

参考文献

[1]　范丽亚,张克发,马介渊. AR/VR 技术与应用［M］.北京：清华大学出版社,2020.

[2]　喻晓和.虚拟现实技术基础教程［M］.2 版.北京：清华大学出版社,2017.

第 10 章

增强现实技术

10.1 增强现实技术简介

10.1.1 增强现实技术的定义

增强现实技术(Augmented Reality,AR),是借助计算机和可视化技术,将虚拟的信息应用到真实世界,真实的环境和虚拟的物体实时地叠加到同一个画面或空间。简单地说就是虚实结合。北卡罗来纳大学教授罗纳德·阿祖玛认为增强现实技术应该包括 3 方面的内容:真实世界和虚拟世界的组合,实时交互,虚拟物体和真实物体的精确 3D 配准。

10.1.2 增强现实技术的定位原理

从技术手段和表现形式上看,增强现实技术可以分为三类:一是基于计算机视觉(Computer Vision);二是基于地理位置信息(Location Based Services,LBS);三是基于即时定位与地图构建(Simultaneously Localization And Mapping,SLAM)。

1. 基于计算机视觉

计算机视觉就是利用计算机视觉方法建立现实世界与屏幕之间的映射关系,使图形或模型可以展现在屏幕上。本质上讲,就是要找到现实场景中的一个依附平面,再将这个三维场景下的平面映射到二维屏幕上,再在这个平面上绘制出想要展现的图形或模型,从技术实现手段上可以分为以下 2 类。

(1) 特殊标记点。

特殊标记点的实现方法需要一个事先制作好的标记(Marker),通常是二维码(图 10.1)或者其他特殊标记,把标记放到现实中的一个位置上,相当于确定了一个现实场景中的平面,然后通过摄像头对标记进行识别和姿态评估,确定其位置,将该标记中心为原点的坐标系和屏幕坐标系建立映射关系,这样根据这个变换在屏幕上画出的图形就可以达到该图形依附在标记上的效果。

(2) 普通标记点。

普通标记点的基本原理与基于特殊标记点的增强现实相同,不过它可以用任何具有足够特征点的物体,通常是地面(图 10.2)作为平面基准,而不需要事先制作特殊的模板,摆脱了模板对 AR 应用的束缚。它的原理是通过一系列算法对模板物体提取特征点,并记录或学习这些特征点。摄像头扫描周围场景时,会提取周围场景的特征点,并与记录的模板物体的特征点进行比对,如果扫描到的特征点和模板特征点匹配数量超过阈值,则认为扫描到该模板，然后根据对应的特征点坐标估计可追溯性矩阵，再根据该矩阵绘制图形。

图 10.1　识别二维码　　　　　　　　　　图 10.2　地面识别

2. 基于地理位置信息

基于地理位置信息的基本原理是通过 GPS 获取用户的地理位置，然后从某些数据源（如 Wiki、Google）等处获取该位置附近物体（如周围的餐厅、学校等）的信息点数据，再通过移动设备的电子指南针和加速度传感器获取用户手持设备的方向和倾斜角度，通过这些信息建立目标物体在现实场景中的平面基准，其坐标变换显示等的原理与基于标记点的原理类似。例如，游戏 *Pokemon Go* 如图 10.3 所示，是一款对现实世界中出现的宝可梦进行探索捕捉、战斗以及交换的游戏。玩家可以通过智能手机在现实世界里发现精灵，进行抓捕和战斗。

图 10.3　游戏 *Pokemon Go*

3. 基于即时定位与地图构建

是目前在现实环境上呈现虚拟对象的最有效方法。即时定位与地图构建可同时根据传感器所处的环境来定位传感器，并同时绘制环境结构，该技术在无人车、无人机和机器人等领域也同样起着核心作用。其原理就是利用摄像头的定位功能和识别功能对周围环境进行建图,以确定其所在位置。

基于计算机视觉方法进行跟踪定位不需要其他设备,而且精确度较高,因此是增强现实技术中最常见的定位方法。在模板匹配时,系统会预先存储多种模板,来和图像中检测到的标志物匹配,以计算定位。简单的模板匹配可以提高图像检测的效率,也为增强现实的实时性提供了保障。通过计算图像中标志物的偏移和偏转,做到三维虚拟物体的全方位观察。模板匹配一般用于对应特定图片三维成像,设备扫描特定的图片,将这些图片中的特殊标志位与预先存储的模板匹配,即可呈现三维虚拟模型。如汽车店的车模卡片、玩具公司的人物卡片,都可以用模板匹配来使用增强现实技术。边缘检测可以检测出人体的一些部位,也可以跟踪这些部位的运动,将其与虚拟物体无缝融合。例如,用真实的手提起虚拟的物体,摄像机可以通过跟踪用户手的轮廓、运动方式来调整虚拟物体的方位。因此,许多商场的虚拟商品多会使用边缘检测。

虽然基于计算机视觉方法的检测法简单高效,但也有不足的地方。检测法多用于相对理想及近距离的环境,这样获得的视频流和图像信息会很清晰,易于定位计算。而如果在室外环境中,光线的明暗、物体的遮挡以及聚焦问题,使得增强现实系统不能很好地识别出图像中的标志物,或是出现和标志物相似的图像,这样都会影响增强现实的效果。而此时,就需要其他跟踪定位方法的辅助。

基于地理位置信息的方法是基于详细的 GPS 信息跟踪和确定用户的地理位置信息。当用户在真实环境中行走时,可以利用这些定位和用户摄像机的方向信息,将虚拟信息和虚拟物体精确地放置到环境以及周围的人物之中。目前,由于智能手机的广泛应用,其具有支持基于 GPS 定位的基本组件。一种称为增强现实浏览器的应用程序主要就是应用这种方法。增强现实浏览器能够在智能手机上运行,连接互联网,搜索相关的信息,然后让用户在真实的环境看到相关的信息。增强现实浏览器可以让用户了解到摄像机镜头所向方向绝大多数事物的信息,比如找到一家距离很近但是被遮挡住的餐厅,或是获取用户对一家咖啡馆的评价。

这种定位方式适合室外的跟踪定位,可以克服在室外环境中光照、聚焦等不确定因素对基于计算机视觉方法的检测法造成的影响。其实在增强现实系统实际运用的环境中,往往不会用单一的定位方法来定向定位。比如增强现实浏览器也会运用图像检测法来检测一些特定的符号,例如二维码。识别出二维码再进行模板匹配,即可为用户提供信息。

10.1.3 增强现实技术的特征

增强现实技术至少有 3 个特征:真实世界与虚拟信息的集成性、实时交互性、三维尺度空间虚拟物体定位性。

1. 真实世界与虚拟信息的集成性

虚拟信息,包括图像、视频、模型等,出现在真实世界中。虚拟信息与真实世界互相补充,彼此叠加,给人提供一种特殊的感知信息。

2. 实时交互性

用户通过触碰、手势甚至语言等方式与虚拟事物进行交互。此交互是一种实时反馈,创造出虚实结合的交流手段。

3. 三维尺度空间虚拟物体定位性

虚拟事物的大小、位置以及角度通过算法固定在真实世界中,并且通过图像标记点、位置坐标点等信息与真实世界相互关联。

10.1.4 增强现实技术的应用

由于增强现实技术的工具属性比较强,因此其在企业级和消费级市场上都有较广阔的应用。

娱乐的未来很可能受到 AR 等先进技术的影响。移动技术设备使娱乐业能够改变人们与游戏、体育、旅游、表演等活动的互动方式。AR 将真实和虚拟世界结合在 3D 中,同时具有交互性。多个用户可以使用透明头盔和面部捕捉同时与环境交互,并相互通信,如图 10.4 所示,从而实现快速精确的直接对象操作。游戏空间被细分为空间区域,并为个人视图和隐私管理引入了分层概念。许多棋盘游戏和游戏机游戏都适合这种模式。

图 10.4 多用户协同游戏

AR 确实对医疗领域非常有益。AR 在医学中的使用和功能取决于技术人员的技能,以及医生和医学教师的技能。美国凯斯西储大学与克利夫兰诊所合作开发了一款名为 HoloAnatomy 的 AR 应用程序,可帮助医学生以 3D 形式了解人体。HoloAnatomy 使用 Microsoft Hololens 教授学生解剖学(图 10.5)。学生可以了解人体中最小的细节,而不必解剖尸体。

图 10.5 HoloAnatomy 应用程序

　　AR会显著影响公司在技术进步环境中的竞争力。AR由于多年来不断增长的接受率,极大地影响了品牌知名度的扩张。零售业中AR的概念决不是新的。一些大型公司,如可口可乐、麦当劳和通用电气已经投资了AR,以获得更好的零售体验和更具创新性的营销方式。麦当劳开发了一个AR应用程序,如图10.6所示,主要目的是在AR平台上展示梦工厂电影中的角色,如《驯龙高手》《皮博迪先生》和《谢尔曼》,让孩子们体验健康的乐趣。

图 10.6　麦当劳的 AR 应用程序

　　多年来,零售商因在线购物而失去了销售量。然而,随着AR的引入,零售商可以重塑客户体验,使其比传统购物更有趣。随着购物体验的提升,客户可能更喜欢去商店,而不是在线购物。AR在线购物应用程序的使用也在增加,如珠宝AR应用程序如图10.7所示。

图 10.7　珠宝 AR 应用程序

10.1.5　增强现实技术和虚拟现实技术的比较

　　保罗·米尔格拉姆和岸野文郎提出了现实—虚拟连续统一体模型(图10.8),他们将真实环境和虚拟环境分别作为连续统一体的两端。其中靠近真实环境的是增强现实,靠近虚拟环境的则是扩增虚境。

真实环境　　增强现实　　扩增虚境　　虚拟环境

图 10.8　现实—虚拟连续统一体模型

　　该模型说明了两个极端之间的连续统一体，一端是真实环境，另一端是完全虚拟的环境。两者之间的空间定义了混合现实-虚拟连续统一体，包括真实和虚拟元素的组合。增强现实是指具有少量虚拟元素的大部分真实环境，而扩增虚境则由具有现实世界元素的主要虚拟环境组成。当组成元素全都是由虚拟物体组成的时候，就是虚拟现实。由此可见，增强现实是真实与虚拟的组合，而虚拟现实则是全部虚拟，没有真实的成分。

10.2　增强现实技术框架介绍及实例

　　目前，增强现实技术主流的开发框架有 ARCore、ARKit 以及 Vuforia。本节将分别介绍这 3 种框架。

10.2.1　ARCore

1. ARCore 介绍

　　ARCore 是谷歌公司开发的一个构建增强现实的体验平台。它可以让用户通过手机等智能设备完成与现实世界的交互，具有感知环境、运动理解、光照估测等特点。

　　感知环境，指的是手机可以检测到地面或墙壁等表面的位置。通过定位表面的特征点簇，将这些点连成的几何拓扑面反馈给程序，完成位置的检测。同时，确定每个拓扑面的边界，为虚拟模型的放置做好准备。

　　运动理解，指的是手机可以锚定其相对于现实世界的位置。手机在现实世界中移动时，ARCore 通过即时定位与地图构建来实时估算手机的位置和方向，并利用表面的特征点计算手机位置的变化。将渲染虚拟模型的虚拟摄像头和手机摄像头的位置、方向等对齐，进而以正确的角度渲染虚拟模型，使其与真实世界融为一体。

　　光照估测，指的是根据当前环境的光照条件进行估测。通过检测周围环境光的信息，为手机屏幕显示的图像提供光照强度和色彩校正。该信息也可以模拟真实光对虚拟模型的光照，进而增加模拟的真实感。

2. ARCore 的使用

　　打开 Unity 3D 2020 软件，新建项目，模板为 AR，项目名字为 ARCoreTest，保存路径为非中文，如图 10.9 所示。

　　安装 AR 开发包。单击菜单栏的"Window"→"Package Manager"，依次安装 AR Foundation、ARCore XR Plugin、ARKit XR Plugin、XR Plugin Management，如图 10.10 所示。AR Foundation 是一个跨平台框架，提供了一个供开发人员使用的界面，但它本身不实现任何 AR 功能。要在目标设备上使用 AR Foundation，还需要安装单独的包，并为每个平台启用相应的插件。ARCore XR Plugin 是开发并发布到 Android 系统需要的包。ARKit XR Plugin 是开发并发布到 iOS 系统需要的包。XR Plugin Management 是管理 AR、VR 的包。安装成功后，展开项目面板中的 Packages，里面包含图 10.11 所示的包即可。

　　新建一个场景，单击菜单栏的"GameObject"→"XR"→"AR Session Origin"和"AR Session"，如图 10.12 所示。

　　AR 环境搭建完毕。将平台切换至 Android 平台。依次单击菜单栏的"Edit"→"Project Setting"，打开面板。单击面板左侧的 XR-Plug-in Management，再单击 Android 图标，勾选

图 10.9 创建新项目界面

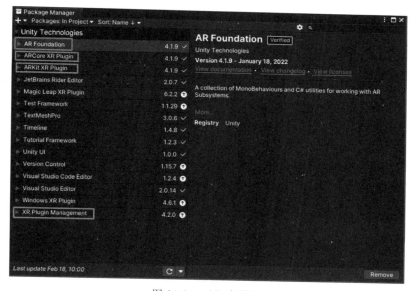

图 10.10 AR 安装包

ARCore,如图 10.13 所示。

在场景中为 AR Session Origin 添加组件 AnchorCreator,将想要显示的虚拟模型拖到 Anchor Prefab 上,如图 10.14 所示。当应用开启 AR 相机检测到平面后,单击屏幕,会在指定位置自动生成虚拟模型。

10.2.2 ARKit

1. ARKit 介绍

ARKit 是由苹果公司开发的一个构建增强现实的体验平台。其功能包括动作捕捉、场

图 10.11　Packages 包

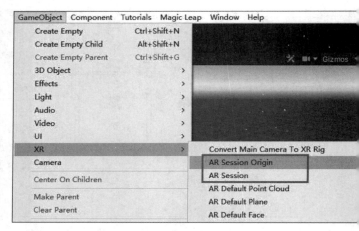

图 10.12　添加 AR Session Origin 和 AR Session

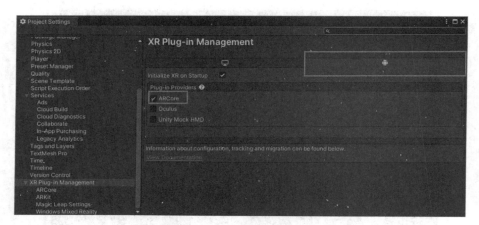

图 10.13　Project Setting 面板

图 10.14　AnchorCreator 组件

景几何结构感测、位置锚定等。

　　动作捕捉,即用单个摄像头实时捕捉人物的动作。将身体姿态和动作化为一系列关节及骨骼活动,让用户能在增强现实体验中输入运动和姿势,让人物成为增强现实体验的焦点。

　　场景几何结构感测功能可以为空间创建拓扑图,并使用标签来标识地板、墙壁、天花板窗户、门和座椅。这种对现实世界的深度理解能帮助虚拟对象实现物体遮挡的功能和现实世界的物理特效,同时提供更多的信息支持增强现实工作流程。同时,苹果手机的激光雷达传感器内置了先进的场景理解功能,以帮助使用关于周围环境的逐像素深度信息。通过将这种深度信息与由场景几何结构感测生成的 3D 网格数据相结合,可以在 App 中即时放置虚拟物体,并将它们无缝融入到现实环境中,让虚拟物体的遮挡显得更加真实。

位置锚定,即在特定的地点(如城市和著名地标)放置增强现实作品。位置锚定能够将增强现实作品固定到特定的经纬度和海拔高度。用户可以绕着虚拟物体移动,从不同的角度观察它们,就像通过相机镜头观察现实物体一样。

2. ARKit 的使用

ARKit 的使用方法与 ARCore 的使用方法一致。注意:需要将 Unity 3D 的平台切换为 iOS,如图 10.15 所示。依次单击菜单栏的"Edit"→"Project Setting",打开面板。单击面板左侧的 XR-Plug-in Management,再单击 iOS 图标,勾选 ARKit,如图 10.16 所示。

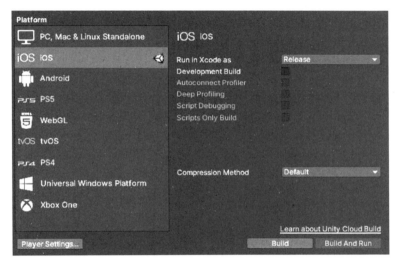

图 10.15　平台切换为 iOS

图 10.16　Project Setting 面板

10.2.3　Vuforia

1. Vuforia 介绍

Vuforia 是高通公司推出的针对移动设备开发增强现实应用的工具包。它支持很多类型的 AR 识别类型,主要有以下几种。

① 静态的平面图像,这是最常用、也是最简单的识别对象。例如打印的一幅画。

② 条形码,Vuforia 研发的一种新型条形码,开发者可以自己随意设计这种条形码样式。

③ 多对象识别,可以同时识别多张目标图像,并且可以与立体物体结合起来,比如一个纸盒子。

④ 类圆柱图形,可以将图片贴到一些圆柱形物体上,比如瓶子。

⑤ 文字识别,可以识别大约 10 万个英文单词。

⑥ 实物识别,可以基于现实生活中的实物模型进行扫描识别。

2. Vuforia 的使用

打开 Unity 3D 2020,新建一个项目,模板是 3D,项目名称为 VuforiaTest,保存路径为非中文,如图 10.17 所示。单击"创建"按钮。

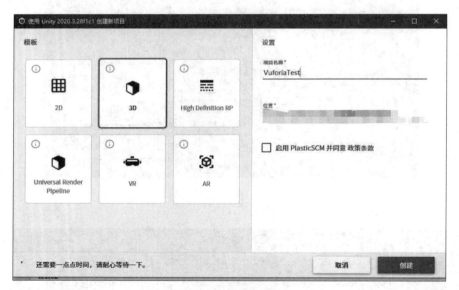

图 10.17　新建项目

打开 Asset Store,搜索 Vuforia Engine,单击结果图标,如图 10.18 所示,单击"添加到我的资源"按钮,再单击"在 Unity 中打开"按钮,跳转回 Unity 的 Package Manager 界面,单击 Download 按钮下载,下载成功后单击 Import 按钮,如图 10.19 所示。

打开官网 https://developer.vuforia.com/,单击 Register 按钮,完成注册,然后单击 Log 按钮,登录之后跳转至主界面,如图 10.20 所示。

在此界面中单击 Get Basic 按钮,跳转至许可密钥界面。填写项目名称 VuforiaTest 至 License Name 处,并勾选下方注意事项,如图 10.21 所示。单击 Confirm 按钮。单击 Target Manag

图 10.18 Vuforia Engine 图标

图 10.19 导入资源包

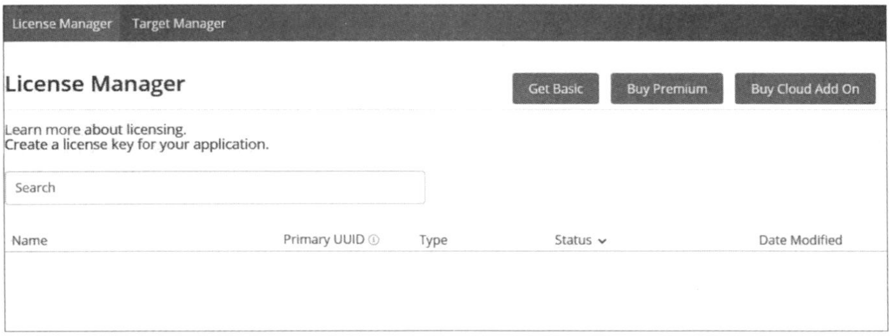

图 10.20 主界面

按钮，跳转至目标管理界面。单击 Add Database 按钮，弹出对话框，填写名称为 Test，勾选 Device，如图 10.22 所示。单击 Creat 按钮。在当前界面单击 Test，跳转至 Target 界面，单击 Add Target 按钮，跳转至 Add Target 界面，上传识别图（可以是任意的图），设置 Width 为 1，Name 为任意，如图 10.23 所示。单击 Add 按钮。在当前界面勾选 Astronaut，单击 Download Database (1) 按钮，弹出对话框，勾选 Unity Editor，单击 Download 按钮完成下载，生成资源包 Test.unitypackage。

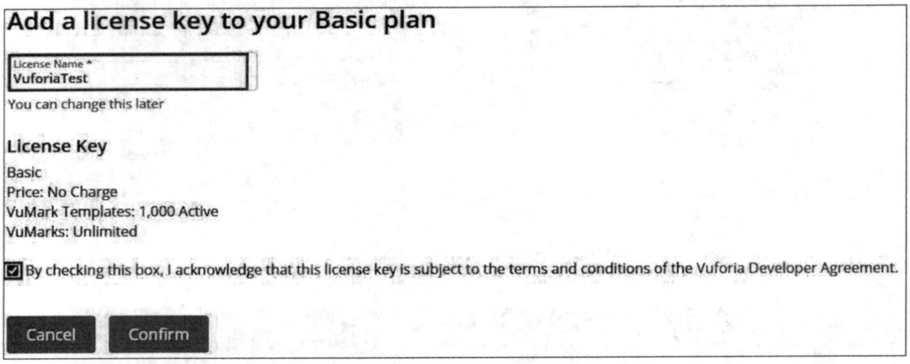

图 10.21　许可密钥界面

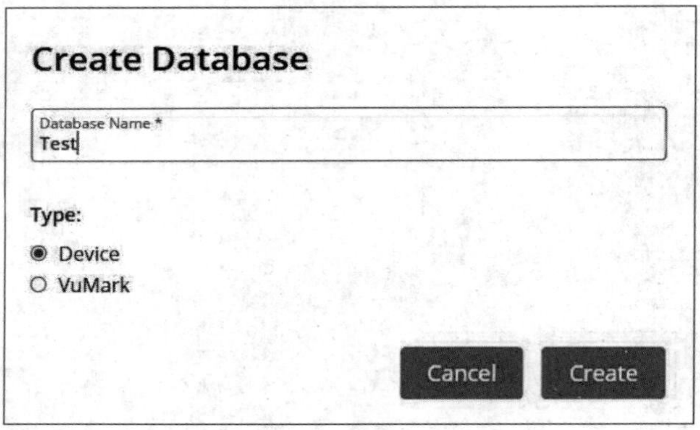

图 10.22　Database 对话框

　　双击 Test.unitypackage，导入到项目 VuforiaTest 中。新建一个场景，删除 MainCamera，单击菜单栏的"GameObject"→"Vuforia energy"→"ARCamera"和 "ImageTarget"。单击 ARCamera 属性面板中的 Open Vuforia Engine configuration ，展开 Global 属性，单击 Add License 按钮，跳转至 License Manager 界面，单击 VuforiaTest，单击 Llicense Key，完成复制，并粘贴至 Add License Key 处。单击 ImageTarget 属性面板的 Type，将 From Image 改为 From Database，将 Datebase 改为 Test，如图 10.24 所示。右击 ImageTarget，选择"3D Object"→"Sphere"，并调整小球的位置和大小。

　　按照发布 Android 平台的方式设置，安装到手机即可。如果在电脑端调试，则单击 ▶ 按钮。当 ARCamera 识别到识别图 Astronaut 时，小球出现。效果如图 10.25 所示。

图 10.23 Add Target 界面

图 10.24 参数设置

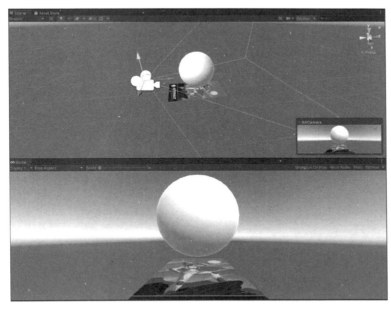

图 10.25 识别效果图

10.2.4　实例教程

本案例是为了展示 Vuforia 的 AR 显示和 Unity 3D 的脚本控制功能,通过添加脚本,最终完成一个旋转的多彩小球效果。

添加旋转功能。小球的旋转是绕着其自身的坐标原点进行,所以使用 transform. Rotate 函数来完成。

添加颜色功能。小球的颜色是随机的,所以使用 Random.Range 函数来完成。

添加颜色改变功能。小球的颜色变化是有时间间隔的,例如 1 秒变 1 次,所以使用 InvokeRepeating 函数来完成。

综上所述,创建 C♯ 脚本,命名为 ball,其脚本内容如下。

```csharp
using System.Collections;
using System.Collections.Generic;
using UnityEngine;
public class ball : MonoBehaviour
{
    private Material _Material;
    public float speed = 10f;
    public float rotate = 360f;
    void Start()
    {
        _Material = GetComponent<MeshRenderer>().material;
        InvokeRepeating("ChangeColor", 1, 1);
    }
    void Update()
    {
        transform.Rotate(Vector3.up, rotate * Time.deltaTime);        //自转
    }
    private Color RandomColor()
    {
        float r = Random.Range(0f, 1f);
        float g = Random.Range(0f, 1f);
        float b = Random.Range(0f, 1f);
        Color color = new Color(r, g, b);
        return color;
    }
    private void ChangeColor()
    {
        StopAllCoroutines();
        Color temColor = RandomColor();
        StartCoroutine(ColorEnumerator(temColor));
    }

    IEnumerator ColorEnumerator(Color temColor)
    {
```

```
while (true)
{
        _Material.color = Color.Lerp(_Material.color, temColor, speed * Time.
deltaTime);
        yield return 10;
    }
}
```

在项目面板中单击 ＋▾ 按钮,选择 Material,创建一个材质球,并将其和脚本 ball 拖曳到 Sphere 的属性面板中发布运行。效果如图 10.26 所示。

图 10.26　效果图

课后习题

1. 填空题

(1) 增强现实技术应该包括 3 方面的内容:＿＿＿＿、＿＿＿＿和＿＿＿＿。

(2) 从技术手段和表现形式上看,增强现实技术可以明确分为 3 类:＿＿＿＿、＿＿＿＿和＿＿＿＿。

2. 简答题

(1) 增强现实技术的定义是什么?

(2) 增强现实技术的特征是什么?

(3) 将增强现实技术和虚拟现实技术进行比较。

3. 实践题

运用所学知识,结合 Vuforia,制作一个 AR 音效播放效果。

参考文献

[1]　王涌天,陈靖,程德文. 增强现实技术导论[M]. 北京:科学出版社,2015.

[2]　Parekh P,Patel S,Patel N,et al. Systematic review and meta-analysis of augmented reality in medicine,retail,and games[J]. Visual Computing for Industry,Biomedicine,and Art,2020,3(1):1-20.

第11章

数字媒体技术的现状与发展

11.1 数字媒体技术的现状

11.1.1 国内现状

近年来,数字媒体技术被应用于各行各业,研究领域也拓展至信息技术、文化、艺术、商业、教育和管理等多种学科。国内诸多学者在数字媒体方面做了大量研究,对于数字媒体的发展及应用进行了深入探讨。

1. 高校数字媒体技术相关实验室建设

国内高校先后创立了数字媒体技术专业,大力支持学科与实验室建设,其中不乏一些国家重点实验室。浙江大学计算机辅助设计与图形学国家重点实验室的研究方向包括数据并行计算及其基础软件、媒体计算和可视分析、虚拟现实、图形与视觉计算以及计算机辅助设计。实验室的基本定位是:紧密跟踪国际学术前沿,大力开展原始性创新研究及应用集成开发研究,使实验室成为具有国际影响的计算机辅助设计与图形学的研究基地、高层次人才培养的基地、学术交流的基地和高技术的辐射基地。近20年来,该实验室依托浙江大学计算机、数学、机械等学科,作为项目负责单位先后承担了一批国家级重大科研项目和国际合作项目,在计算机辅助设计与图形学的基础研究和系统集成等方面取得了一批重要成果,其中多项成果获得国家奖励,并形成了一支学风正派、勤奋踏实、勇于创新的学术队伍。

中国传媒大学媒体融合与传播国家重点实验室聚焦媒体融合领域重大科学前沿问题和国家社会发展的重点需求,开展可能引发媒体传播格局重大变革的基础研究和应用基础研究,推进中国特色媒体融合传播理论体系建设,探索媒体融合专业高精尖人才培养模式。实验室以结构与行动者互动关系为框架,基于复杂系统科学、网络科学、社会学、传播学、管理学、认知心理学等基础理论和媒体信息处理分析、大数据分析等关键技术,着重探索媒体融合传播系统的结构变化,进而建构基于中国实践和传播经典研究的理论模型,解决新型主流媒体与全媒体传播体系构建的国家重大现实需求。围绕总体目标和重点任务,媒体融合与传播国家重点实验室将主要在媒体融合传播与未来形态、媒体融合的服务模式、媒体信息智能处理三个研究方向。

2. 企业数字媒体技术相关领域合作

中国联通正加速推动5G应用从"样板间"向"商品房"转变。在工业互联网领域,中国联通与中国商飞合作建成国内首个5G全连接工厂,实现车间全生产要素互联;在江西,将5G+VR用于民爆行业,大大降低了安全风险;针对2022年冬奥会,联通自主研发了超高清智慧观赛和自由视角视频技术,让用户体验自主交互式的 VR 直播观看,以"身临其境"地感受比赛;在文旅科教领域,中国联通在南昌八一起义纪念馆推出"5G 红色 VR 党建＋旅游直播巡展"。

腾讯多媒体实验室是腾讯旗下顶尖的音视频通信和处理研发团队,专注于多媒体技术领域的前沿技术探索、研发、应用和落地,包含音视频编解码、网络传输和实时通信,基于信号处理和深度学习的多媒体内容处理、分析、理解和质量评估,沉浸式媒体(VR、AR、点云等)系统设计和端到端解决方案。同时,腾讯多媒体实验室还负责国际国内行业标准制定,包含多媒体数据压缩、网络传输协议、多媒体系统以及开源平台等。

11.1.2 国外现状

美国 Roblox 公司是一个集游戏创作和大型社区的互动平台,玩家可以在此平台上通过游戏与朋友聊天、互动以及创作。作为一家游戏公司,Roblox 最大的不同是不从事制作游戏的业务,而是提供工具和平台这些供开发者自由想象的空间,从而创作沉浸式的 3D 游戏。在 Roblox 中,每个人都有自己的数字身份来进行社交,甚至平台上获得的 Roblox 货币可以与真实货币转换。除此之外,Roblox 还支持虚拟现实设备,以增强用户的沉浸感。以上这些要素都非常接近元宇宙,可以说 Roblox 是目前与元宇宙最为接近的"世界"之一了。

美国 Meta 公司的前身是 Facebook 公司,向全世界宣传元宇宙。公司创始人扎克伯格将元宇宙描述为一个可以进入的"虚拟环境",而不是仅能够在屏幕上浏览的世界。人们可以使用虚拟现实耳机、增强现实眼镜、智能手机应用程序或其他设备实现会面、工作和娱乐的目的。扎克伯格表示,元宇宙最典型的特点是身临其境。

11.2 数字媒体技术的发展

目前,数字媒体技术研究在世界范围内已经成为极具活力、具有巨大发展潜力的话题。例如,其在中文自然语言可视化、数字媒体取证、数字媒体技术专业教育方面都有着非常大的发展空间。

11.2.1 中文自然语言可视化

目前的虚拟仿真系统主要围绕物理、化学实验以及数学公式展开,对文学知识作品的仿真案例较少。随着设备计算能力的进步,利用深度学习模型处理中文自然语言输入是目前的研究热点。由于中文是一种意合型的、不执着于文法规范的语言,因此自然语言处理技术对中文的处理相比英文要复杂许多,这一现状极大限制了该技术在应用层面的发展。而在实际应用中,对自然语言文本中知识的可视化可以极大地丰富内容的精彩程度。

自然语言处理技术是在程序设计中常用的人工智能算法,也是人工智能的热点研究方向。主要应用场景包括个性化推荐、搜索纠错等功能。神经网络是自然语言处理技术以及人工智能领域最重要的方法之一。为了让计算机能理解人们使用自然语言输入的文本,可以根据文本特征构建不同的神经网络结构,如适用于图像处理的卷积神经网络(Convolutional Neural Network,CNN),适用于文本和序列数据的递归神经网络

(Recurrent Neural Networks，RNN)和长短期记忆网络(Long Short-Term Memory Neural Networks，LSTMNN)等。尽管这些网络结构在处理不同的任务时表现出不同的性能,但对于具体任务仍很难确定使用哪种网络结构,对模型的训练同样需要耗费大量时间。百度人工智能开放平台提供了全面的语言处理基础能力和语言处理应用技术,并以标准化接口封装。该平台的训练语料以中文为主,对中文输入的接受能力较强。

针对自然语言处理技术来说,最细的划分粒度是词语,而在计算机仿真领域可以使用模型来模拟名词,使用动画、声音等交互系统模拟动词。由于中文的构成极其复杂,因此自然语言处理技术难以解决的词语多义性的问题上更是雪上加霜。中文具有以下3个层级。

① 表层:形式结构,语言中语法项的线性配列式,如主语+谓语构成 SV 句式等。

② 中介层:表现法,语言中线性配列的特定样式,如抒情、描写手法等。

③ 深层思维方式,反映说话者心理的主体意识,并提出深层思维方式的表达注重主观感受的抒发,即为了保证表层结构表达时的语法正确性,可以不严格满足语法规则。由于深层思维方式不执着于逻辑和形式结构规范,因此与其所指的联系也更紧密。

基于以上内容,中文自然语言可视化就是利用句子中不同实体间的依存关系精炼句子,以排除中介层和表层结构对句子逻辑的修饰,从而得到易于计算机理解句子的深层逻辑。

11.2.2　数字媒体取证

数字媒体取证可以定义为通过分析特定数据,对这些数据的内容进行评估,获取数据中包含的内容,从而支持某个场景中特定数字文档的调查。数字媒体取证背后的基本思想就是通过观察数字媒体数据获取数据处理后留下的痕迹,这种痕迹可以作为一种数字痕迹来研究。对数字痕迹的分析能够鉴别视频、图像和音频的来源以及其内容的真实性。分析技术主要包括视频伪造检测技术、图像伪造检测技术以及音频伪造检测技术。

(1)视频伪造检测技术。

视频篡改主要分为帧内篡改和帧间篡改。帧内篡改以视频帧为单位,修改画面中的某一帧状态。随着计算机技术的发展,该篡改方法与深度学习相融合,大大地缩小了篡改结果与真实结果之间的差距。帧间篡改则以视频序列为单位,增加或删除多个帧。如今,视频篡改技术变得越来越成熟,因此研究能够有效检测视频真伪的取证算法尤为重要。

(2)图像伪造检测技术。

数字图像取证技术是对图像的完整性和真实性进行验证,方法总体可以分为主动式方法和被动式方法。主动式方法是主动在图像中嵌入水印。被动式方法是通过检测篡改图像中的操作痕迹来鉴别图像。常见的图像伪造和篡改包括局部合成、复制、拼接、删减等。图像篡改包括 4 个操作步骤:获取原始图像、执行篡改操作后处理、重编码、压缩操作。所有的操作都会留下痕迹,图像取证技术就是通过检测这些痕迹来判断图像是否经过篡改,以及经过哪种篡改。数字图像取证可以分为设备指纹检测、区域复制篡改检测、图像处理指纹检测和重压缩指纹检测等几种。

(3)音频伪造检测技术。

音频伪造最初研究从文本到语音的转换。音频伪造技术主要包括:

拼接法:提取字典中的单词或者词组进行拼接。

参数法:提取声码器中的特征文本进行拼接。

混合法：将拼接法与参数法相结合。

基于人工智能的方法：包含生成对抗网络、自监督学习、自回归模型等技术。

11.2.3 数字媒体技术专业教育

（1）艺术与技术相结合的教育。

数字媒体技术的人才培养不仅要重视技术方面的培养，也要兼顾艺术方面以及创意思维方面的训练和培养。艺术方面的培养主要是研究利用信息技术手段进行艺术处理和创作的方法和技巧。通过理论学习、专业技能培训等途径，学生可以掌握数字媒体软件的使用技术，具备一定的使用数字技术手段对各种类型的作品进行艺术加工的能力。创意思维方面的培养主要是培养学生具有强烈的责任意识以及科学的理性认识、主动的创新能力以及专业的审美能力，适应社会发展变化，符合国家对人才的高精尖要求。

（2）理论与实践相结合的教育。

数字媒体技术专业具有学科交叉性特征，其理论体系比较庞大，涉及的知识面比较宽泛，就要求学生具有扎实的理论基本功，具备将理论与实践相结合的能力。能够通过理论来指导实践，通过实践来提升理论，二者相辅相成，缺一不可。

（3）个性化发展与全面发展相结合的教育。

学生能力发展水平是衡量一个专业发展潜力的重要标志。数字媒体技术专业包含众多学科，就要求学生必须全面发展，不仅要有理科的思维逻辑，也要具备文科的表达方法。在日常的学习生活中，学生可以通过众多的实践活动培养自己的兴趣爱好，将自身的潜能优势与社会的发展需求相结合，进而提升自身能力，增强自身素质。

课后习题

1. 填空题

数字图像取证可以分为_____、_____、_____和_____。

2. 简答题

（1）中文具有 3 个层级，分别是什么？

（2）图像篡改一般要经历的 4 个操作步骤是什么？

（3）音频伪造技术主要包括什么？

参考文献

［1］ 袁雨轩，李放，陈科淇，等.基于依存关系的自然语言可视化仿真系统［J］.计算机技术与发展，2021，31（9）：214-220.

［2］ 李晓龙，俞能海，张新鹏，等.数字媒体取证技术综述［J］.中国图象图形学报，2021，26（6）：1216-1226.

［3］ 李华新，谭敏生，李望秀.数字媒体专业教育研究综述：基于文献计量与内容分析［J］.高等理科教育，2013（5）：60-65.

图书资源支持

感谢您一直以来对清华版图书的支持和爱护。为了配合本书的使用，本书提供配套的资源，有需求的读者请扫描下方的"书圈"微信公众号二维码，在图书专区下载，也可以拨打电话或发送电子邮件咨询。

如果您在使用本书的过程中遇到了什么问题，或者有相关图书出版计划，也请您发邮件告诉我们，以便我们更好地为您服务。

我们的联系方式：

地　　址：北京市海淀区双清路学研大厦 A 座 714

邮　　编：100084

电　　话：010-83470236　　010-83470237

客服邮箱：2301891038@qq.com

QQ：2301891038（请写明您的单位和姓名）

- -

资源下载：关注公众号"书圈"下载配套资源。

资源下载、样书申请

图书案例

书圈　　　　　　　　清华计算机学堂　　　　　　观看课程直播